广东省海洋经济发展（海洋六大产业）专项资金

"粤港澳大湾区现代海洋产业体系融合发展研究"

（粤自然资合〔2023〕44 号）项目资助

# 现代海洋产业
# 融合发展案例研究

胡　军　顾乃华　主编

暨南大学出版社
JINAN UNIVERSITY PRESS

中国·广州

图书在版编目（CIP）数据

现代海洋产业融合发展案例研究 / 胡军，顾乃华主
编. -- 广州：暨南大学出版社，2024. 12.
ISBN 978-7-5668-4001-1

Ⅰ．P74

中国国家版本馆 CIP 数据核字第 2024K07D64 号

**现代海洋产业融合发展案例研究**

XIANDAI HAIYANG CHANYE RONGHE FAZHAN ANLI YANJIU

主　编：胡　军　顾乃华

出 版 人：阳　翼
统　　筹：黄文科
责任编辑：曾鑫华　冯月盈
责任校对：孙劭贤
责任印制：周一丹　郑玉婷

出版发行：暨南大学出版社（511434）
电　　话：总编室（8620）31105261
　　　　　营销部（8620）37331682　37331689
传　　真：（8620）31105289（办公室）　　37331684（营销部）
网　　址：http://www.jnupress.com
排　　版：广州尚文数码科技有限公司
印　　刷：广东信源文化科技有限公司
开　　本：787mm×1092mm　1/16
印　　张：14.5
字　　数：260 千
版　　次：2024 年 12 月第 1 版
印　　次：2024 年 12 月第 1 次
定　　价：65.00 元

# 前　言

　　蓝色经济已成为新的全球经济增长点，世界主要海洋大国纷纷把开发利用海洋资源提升到战略发展的高度，加速向海洋价值链高端布局。我国也高度重视海洋经济的发展，早在 2012 年就提出"海洋强国"战略和实现路径，把"大力发展海洋经济"作为重要内容。经过多年快速发展，我国海洋经济发展潜力持续集聚，迎来了历史上最好的重要发展时期。习近平总书记多次强调"要进一步关心海洋、认识海洋、经略海洋"，并在党的二十大报告中提出"发展海洋经济，保护海洋生态环境，加快建设海洋强国"，将海洋强国建设作为推动中国式现代化的有机组成和重要任务。海洋经济已成为当今临海国家和地区经济保持可持续增长的最具发展潜力和创新活力的领域之一，在国家经济发展格局和对外开放中的作用更加重要。

　　粤港澳大湾区因海而兴、因海而富，在国家海洋战略全局中具有至关重要的地位。粤港澳大湾区海域辽阔、岸线漫长、滩涂广布、港湾优越、岛屿众多，海域面积 20 176 平方千米，大陆岸线长 1 479.9 千米，拥有海岛 1 121 个。大湾区海洋市场空间广阔，发展韧性强劲，陆海联通高效，海洋经济发展空间有望持续拓展。作为海洋经济的重要组成部分，海洋渔业、海上风电、海洋生物医药等产业是海洋经济发展重要增长极，在推动海洋产业持续发展上发挥着重要作用。然而近年来，石油、天然气勘探开发等关键核心技术尚未突破，海洋渔业发展仍以初级加工为主，精深加工比重较低，传统海洋产业潜力有限，海洋信息、海洋金融等先进服务业发展相对滞后，海洋产业上下游产业链联系不紧密、本地配套率低。海洋传统产业亟须与电子信息、高端研发制造、生物医药、新能源等技术群渗透融合，实现海洋产业门类之间、大中小企业之间高度协同耦合、联合联动，积极迈向深水、绿色、安全等海洋新兴领域，向价值链高端攀升。

在此背景下，大湾区需要聚焦海洋产业发展重点，转变粗放型生产方式，将技术、资本、信息等新的生产要素嵌入传统产业业态，通过不同产业间协作，相互渗透形成新的产业融合形态，融合后的新业态主要表现为产品功能、经营管理、组织运行等方面的更新与发展。粤港澳大湾区现代海洋产业跨行业融合是新时期构建现代产业体系的基础与前提，是撬动经济高质量发展的重要支点，有助于促进海洋渔业、海洋装备、海洋生物、海洋旅游、海洋信息技术、海洋文化等不同行业及产业的革新，既能够满足多元化的消费需求，又能够助推海洋传统产业向深海化、高端化、国际化方向发展，是在构建新发展格局中实现海洋经济跨越式可持续发展的必经之路。

基于此，本书在准确把握新时代关于海洋经济发展核心要义和基本要求的前提下，紧扣"粤港澳大湾区现代海洋产业融合发展"这一主题，分别从现代海洋电子信息业与工程装备制造业融合发展、海洋牧场与海上风电融合发展、海洋生物医药产业融合发展、涉海传统制造业与新兴服务业融合发展、海洋文化与旅游业融合发展、海洋渔业与旅游业融合发展、海洋碳汇与绿色金融融合发展七个专题展开研究，进一步厘清粤港澳大湾区海洋领域重点行业融合的难点。首先，深入探究粤港澳大湾区海洋产业发展现状以及跨行业融合发展特征与存在的问题。其次，通过借鉴国内外产业融合发展的经典案例，全面考察促进产业深度融合的机制和路径，进而系统谋划跨产业融合发展的方向和重点领域。最后，基于微观和宏观互动的视角，围绕政策关联、产品关联和技术关联等方面，以跨学科的方法为引领，从体制机制创新、关键环节再造、重要核心领域发力、重大创新平台支撑、空间开发格局优化等方面提出现代海洋产业深度融合的实现路径与关键举措，为粤港澳大湾区构建具有国际竞争力的现代海洋产业体系以及将广东打造成为"双循环"新发展格局中的战略支点贡献蓝色力量。

编　者

2024 年 3 月

# 目 录
## Contents

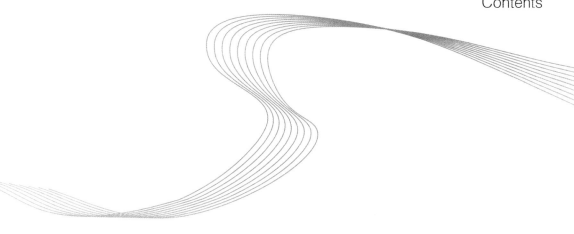

# 第一章　现代海洋电子信息业与工程装备制造业融合发展案例研究

海洋电子信息业与工程装备制造业两大海洋新兴产业的融合是粤港澳大湾区发展海洋经济的战略性要求，有助于海洋工程装备制造业的智能化、高端化发展。粤港澳大湾区历来重视海洋电子信息业与海洋工程装备制造业的融合发展，已形成"广—深—港—澳"为核心引领，珠江西岸集聚海洋工程装备制造业，珠江东岸集聚海洋电子信息业的海洋产业发展格局。

## 第一节　现代海洋电子信息业与工程装备制造业融合发展的现状

当前，赋能海洋工程装备制造往高端化、智能化方向发展是粤港澳大湾区海洋电子信息产业的重要任务。粤港澳大湾区海洋电子信息业和海洋工程装备制造业产业发展基础较好，在内地与香港、澳门的《关于建立更紧密经贸关系的安排》（CEPA）、海洋产业园区建设等指引下，两大产业在产业链融合、技术融合和融合政策指导上不断深入，产业融合格局初步形成，但对标发达国家，仍存在一定差距。

### 一、现代海洋电子信息业概况

#### （一）海洋电子信息业的定义

海洋电子信息业是一种典型的交叉产业，即电子信息技术在海洋经济领域开展研究及应用，是信息技术服务于科学考察、勘探与探测监测、运输、渔业、气象预报、权益维护、资源开采等海洋相关产业活动的产物，具有典型的军民融合属性。海洋电子信息业包括服务应用于海洋的硬件、软件、系统和应用系统，技术上往往与海洋工程装备、公共服务、应急救灾、风电系统等产业均有交集。

## （二）海洋电子信息业的界定与划分

电子信息单位在理论上经过适海性改造后均可涉海，但受制于海洋认知、海洋活动人员、涉海技术积累、相关市场空间等因素制约，涉海的单位仅为海洋电子信息业的一部分。海洋电子信息业细分领域多且分散，规模效应不明显，尚处于培育期。根据此特点，海洋电子信息产值统计包括三个层面：有能力涉海的电子信息单位产值，涉海电子信息单位产值，涉海电子信息单位涉海业务产值。海洋电子信息产业可划分为应用系统（云：应用系统运营以及基于数据汇聚的应用与服务）、通信网络（管：海洋电子信息传输通道）、感知探测（端：终端设备与传感器），以及在空、天、地、海、潜5个空间维度（载体平台）组合应用，详见表1-1。

表1-1　海洋电子信息产业划分（系统组成）

| 系统 | 分系统 |
|---|---|
| 应用系统 | 智能船舶系统、海洋工程作业管理平台、智慧港口管理平台、远程监控管理系统、位置服务平台、遥感服务平台等 |
| 通信网络 | 卫星通信、短波通信、超短波通信、微波通信、激光通信、集群通信、水下线缆、长波通信、水声通信等 |
| 感知探测 | 遥感、时空、雷达、船舶自动识别系统（AIS）、声学多普勒流速剖面仪（ADCP）、温盐深测量仪（CTD）、回声探测仪等海洋仪器设备 |
| 载体平台 | 卫星、飞行器、舰船、海洋工程作业平台，以及波浪滑翔器、浮标、无人水下航行器、水下滑翔机、潜艇等 |

资料来源：《广东省海洋六大产业发展蓝皮书2022》。

海洋应用系统（云）：以各种云平台、数据中心、应用系统软件的形式呈现，包含云链路、数据中心、大数据存储、智能分析与决策等。如机舱自动化系统、船舶操舵控制系统、海工作业管理平台、智慧港口管理平台、远程监控管理系统等。

海洋通信网络（管）：根据水上、水下有不同应用，其中水上通信方式主要有卫星通信、短波通信、超短波通信、微波通信、激光通信、集群通信等，水下通信方式主要有水下线缆、长波通信、水声通信、蓝绿激光等。

海洋感知探测（端）：是在海洋观测探测、海洋经济活动中的专用设备，包括但不限于遥感、导航定位（时空感知）、雷达装备、AIS、海洋观测探测设备，以及配套的传感器、芯片等器件。其中导航定位按不同的手段分为卫星导航定位、惯性导航等，目前的导航定位产值规模主要集中在卫星导航定位。

海洋信息载体（平台）：通常不属于电子信息产业范畴，部分属于海洋工程装备范畴，与海洋电子信息相辅相成，构成有机整体。

## （三）海洋电子信息业发展现状

### 1. 国内外发展现状

全球电子信息产业以美国最为发达，英国、北欧处于领先地位。美国加州圣迭戈市依托硅谷强大的电子信息产业优势，形成了世界领先的海洋电子信息业。在通信网络方面，美国和欧洲海洋通信业务主要依托国际海事卫星（INMARSAT）、全球星（Globalstar）等卫星通信系统；美国拥有摩托罗拉、L3 Harris 等世界级通信网络知名企业。此外，美国国防高级研究计划局提出"战术海底网络架构（TU-NA）"计划，推动美国海洋通信网络的发展。在感知探测领域，美国劳雷工业、LinkQuest 公司、TRDI 公司等代表性企业，其 ADCP、CTD、回声探测仪等海洋电子信息仪器设备处于世界领先地位，美国谷歌公司也是美国最大的民用遥感探测公司。

我国海洋经济电子信息化水平稳步提升。我国海洋电子信息技术作为海洋新兴产业，是现代海洋产业发展的重要支撑，其在航控系统、船舶通导设备、海洋观探测设备等方面的进步，将是未来转变粗放型经济生产方式、优化海洋产业结构、实现海洋产业供给侧改革的重要推手。伴随我国海洋产业的快速发展和电子信息技术的快速升级，我国海洋工程、航运与造船、海洋环境保护等海洋经济的电子信息化水平稳步提升。海洋电子信息产业链主要呈现"两头小（设计、应用）、中间大（制造）"的格局，具体表现为通信产业和电子制造业发达、产业链完善、配套齐全，但在参与国家级系统工程的总体设计与实施方面有待增强，感知探测层面的核心技术、基础软件与关键器件与国际先进水平仍有较大差距，有待突破。

我国已初步形成四大海洋电子信息业基地。国内海洋电子信息业细分领域多且分散，其基本产业格局是：以珠三角、长三角、环渤海为代表的沿海产业集聚区，以华中鄂豫湘、西部川陕渝为代表的内地产业集聚区，以及以深圳、上海、北京、长沙、西安、武汉、成都、重庆等核心城市为中心的基本产业格局。随着近些年电子信息产业的快速发展，各核心城市已初步建立产业辐射圈，形成我国四大海洋电子信息业基地，分别是北京—环渤海地区、上海—长江三角洲、深圳—珠江三角洲、重庆—西安—成都—武汉—长沙—中西部地区。

珠江三角洲集群的电子信息产业基础最为深厚。四大海洋电子信息业基地中，珠江三角洲是我国电子信息基础最深厚的电子信息产业集群，聚集了众多电子信息企业，是四大电子信息业基地中发展速度最快、规模最大的地区。珠江三角洲电子信息产业集群，由以广州为代表的软件业、以深圳为代表的通信微电子制造业、以东莞为代表的计算机通信制造业构成。改革开放以来，珠三角利用区位优势和丰富劳动力的比较优势，接受国际分工转移，形成了电子信息产业集群，诞生了华为、中兴、TCL等知名电子信息制造企业，奠定了良好的电子信息基础。

2. 粤港澳大湾区发展现状

粤港澳大湾区海洋电子信息业基础较好。在产业链及企业实力上，广州、深圳、东莞、佛山的电子信息产业优势明显，产业配套能力强，电子信息业与通信业的产业链完善。在通信方面，粤港澳大湾区拥有华为、中兴等世界知名企业。在科技创新方面，粤港澳大湾区企业在海洋电子信息业发展过程中，突破了多项核心关键技术，取得了长足进步，并形成了产业化应用，在国内形成了优势的技术力量，完成短波、卫星通信、超短波、移动通信、数字集群等通信网络装备，以及航迹记录仪（VDR）、船舶自动识别系统（AIS）、广播式自动相关监视系统（ADS－B）、综合控制台、船载通信导航仪、探测雷达等科研攻关。在载体平台方面，粤港澳大湾区形成了新兴产业特色，在未来应用极具潜力的无人机方面具有领先优势，拥有世界级无人机企业大疆，以及特色企业亿航智能、极飞科技等。广州、深圳是国内海洋电子信息业发展最早的地区之一，是国内最主要的海洋电子信息设备生产集散地。在营商环境方面，粤港澳大湾区具备优越的商业环境和商业文化，活跃的市场经济氛围使当地民营企业拥有灵活的资本运作能力和强大的市场拓展能力。海洋电子信息业代表性单位初步统计分类如表1－2所示。

表 1－2 粤港澳大湾区海洋电子信息业代表性单位

| 分类 | 代表性单位 |
|------|-----------|
| 应用系统 | 海格通信、欧比特、邦鑫数据、腾讯 |
| 通信网络 | 海格通信、中电科七所、杰赛科技、华为、中兴、金信诺、海能达、深圳智慧海洋、长城科技 |
| 感知探测 | 海格通信、中海达、南方测绘、中科院南海海洋研究所、欧比特 |
| 载体平台 | 大疆、珠海云洲、亿航智能、极飞科技、中集、广船国际 |
| 研究机构 | 南方海洋实验室、中山大学、华南理工大学、暨南大学、广东工业大学、广东海洋大学 |

资料来源：《广东省海洋六大产业发展蓝皮书2022》。

注：表中6家上市公司（海格通信、中海达、金信诺、海能达、欧比特、杰赛科技）2021年度营收合计228亿元，另外中兴2021年度营收1 145亿元，华为2021年度营收6 268亿元。

赋能海洋工程装备制造业是海洋电子信息业的重要任务。2019年12月，广东省发布《广东省加快发展海洋六大产业行动方案（2019—2021年）》，明确提出要把"海洋六大产业"作为"海洋强省"的战略重点，推进广东海洋经济的高质量发展。其中，海洋电子信息领域的优先发展方向为：在一系列关键技术上取得突破，提高我国海洋工程电子装备的研发和制造能力，建设海洋电子信息产业集群示范基地。粤港澳大湾区包含广东省9个重要的地级市，广东省的海洋产业行动方案在一定程度上能够反映粤港澳大湾区海洋电子信息业的发展趋势。可见，赋能海洋工程装备制造往高端化、智能化方向发展是海洋电子信息业的重要任务。当前，海洋电子信息业赋能海洋工程装备制造业有两个显著的技术发展趋势：一是信息化与工业化融合，大型电子信息企业向海洋领域拓展，如航天卫星通信、北斗导航、移动通信、光纤通信和空中无人机等陆地上相对成熟的电子信息产业进入海洋经济，这类产业的引入使得海洋电子信息产业具备了"云计算"的雏形；二是针对水下特殊环境难以适用陆地现有电子信息产品的现实，海洋电子信息业产生以"洋计算"为代表的特色高科技产业，其产品包括海底无线通信网络、漂流浮标、Argo浮标、无人艇、海底新能源电池等。

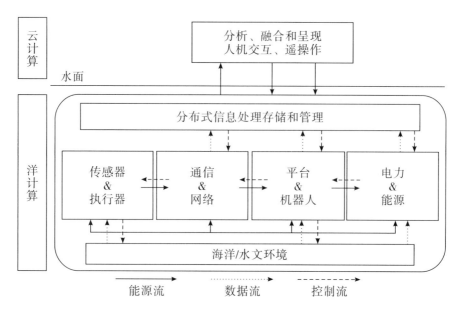

图1-1 "云—洋计算"海洋信息化架构

资料来源：广东省自然资源厅、深圳智慧海洋科技。

## 二、现代海洋工程装备制造业概况

### （一）海洋工程装备简介

从广义上讲，海洋工程装备是人类在开发、利用和保护海洋所进行的生产和服务活动中使用的各类装备的总称，是开发和利用海洋的前提与基础，其集合了新材料、电子信息、装备制造等高新技术，产业辐射能力强，处于海洋产业价值链的核心，是世界各国在海洋经济领域竞争的焦点。海洋资源种类丰富，主要包括六个方面，分别是海洋石油资源、海洋生物资源、海洋固体矿物资源、海洋化学资源、海洋可再生资源、海洋空间资源。与以上海洋资源开发相对应的新型海洋工程装备可划分为：海洋矿产资源勘探开发装备、海洋生物资源利用装备、海水资源开发利用装备、海洋可再生能源开发利用装备、海洋空间资源利用，详见图1-2。

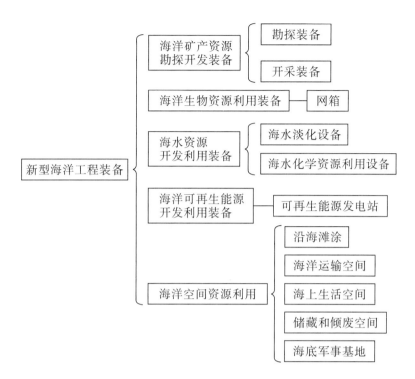

**图 1-2　中国海洋工程装备分类**

资料来源：中国船舶工业市场研究中心。

## （二）发展历程

中国海洋工程装备制造业从 20 世纪 60 年代发展至今，主要经历了 4 个阶段：①1966—1989 年起步阶段：在这个时期，我国打下了海洋资源利用基础，成功自行建设了自升式钻井平台、钢结构导管架、双浮体钻井船等海洋工程装备。②1990—1999 年发展低迷阶段：全球海洋工程装备制造业发展低迷，中国市场发展缓慢，海洋工程产品单一，主要以浅水油气开发设备为主。③2000—2015 年快速发展阶段：由于政策的推动，国内高端技术研发起步，逐渐缩小与欧美的差距。④2016 年以来飞速发展阶段：随着人工智能等技术突破、"双碳"政策的推行，中国海洋工程装备制造业进入智能化、绿色化发展阶段。

## （三）世界海洋工程装备制造业竞争态势

全球海洋工程装备制造业主要集中在美国、欧洲、新加坡、韩国等国家和地区。发展高投入、高风险的海洋工程装备须建立在资金、建造设施、研发机构、建造经验完备的基础上。当前，美国、欧洲、新加坡等全球海洋工程装备制造龙头以研发、建造技术含量较高的深水、超深水平台装备为核心。韩国海洋工程装备建造则集中在三大船厂（三星重工、现代重工、大宇造船），以高价值量的浮式生产装备和钻井平台为主；新加坡两大船厂吉宝岸外与海事、胜科海事已完成合并（合并后更名为 Seatrium），产品以自升式钻井平台和生产装备为主；中国船厂众多，产品种类最为齐全，从几千万美元的小型海洋工程船到数十亿美元的生产平台均具备建造能力（见表 1-3）。

表 1-3　世界海洋工程装备制造业总体竞争格局

| 区域 | 主要业务领域 | 主要装备及配套设施 | 主要总装及关键配套企业 |
| --- | --- | --- | --- |
| 欧美 | 技术力量雄厚，以高尖端海洋工程产品和项目总承包为主 | 立柱式平台，大型综合性一体化模块及海底管道，钻采设备，水下设备，动力、电气、控制系统集成，智能硬件的产业链及创新服务 | McDermott、KBR、SBM Offshore、Aker Solutions、Technip FMC、BW Offshore、Heerema、NOV、ABB、Siemens（西门子）、GE 等 |
| 韩国 | 技术实力仅次于欧美，主要承担海洋工程装备总装建造，具备一定的总承包能力 | 钻井船，半潜式钻井平台，FPSO（浮式生产储卸油装置），FLNG（浮式液化天然气装置），FSRU（浮式储存及再气化装置） | 三星重工、现代重工、大宇造船 |
| 新加坡 | 技术实力仅次于美国，主要承担海洋工程装备总装建造，具备一定的总承包力 | 自升式、半潜式钻井平台，FPSO 新建和改装，FLNG 改装，海洋工程船 | Seatrium |
| 中国 | 从小型海洋工程船到生产平台均具备建造能力 | 自升式钻井平台，半潜式钻井平台，FPSO，FSRU，海洋工程等 | 中国船舶集团、中远海运重工、招商局重工、海油工程、振华重工、中集集团等 |

资料来源：《广东省海洋六大产业发展蓝皮书 2022》。

全球海洋工程装备制造业以欧美为主导，并逐渐向亚洲地区转移。从总装建造看，目前已形成中国、新加坡、韩国三足鼎立的局面，三国包揽了全球 80% 以上的市场份额。一直以来，欧美国家都是海洋资源开发的引领者，走在海洋工程装备制造的前列。随着全球制造业向亚洲国家转移，欧美企业保留了如设计、核心系统制造、总包等价值高的核心技术，让渡产业链的中低端部分。此外，欧美企业也基本垄断其运输、水下生产系统安装、深水铺管等。目前，欧美企业仍掌握着设计、装备制造、工程建设的主导权，是全球最主要的海洋油气开发总承包商。海洋工程装备制造业具有技术的先发优势性，欧美企业倾向选择具有技术优势的企业进行研发、设计，客观上巩固、增强了欧美在技术上的领先地位，延续其在核心技术上的垄断优势。长期以来，欧美设计、欧美总包、欧美配套的状态和格局已经形成。对于我国而言，配套自主研发和推广应用之路较为坎坷。在短中期内，我国海洋油气装备水面、水下关键系统和设备基本依赖欧美国家的局面难以出现根本性改变。从全球范围来看，海洋工程装备市场已经形成了由三大阵营组成的"金字塔"竞争格局。我国海洋工程装备制造业现有的三大产业集群竞争力弱，集聚效应尚未有效发挥，整体实力处在全球海洋工程装备市场的第三阵营（见图1-3）。

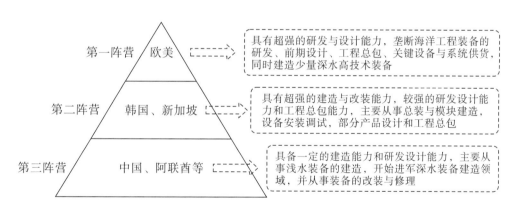

**图1-3  全球海洋工程装备市场"金字塔"格局**
资料来源：中国船舶重工集团公司经济研究中心。

目前，我国的海洋工程装备制造业已经呈现出三大产业集群的雏形。经过近半个多世纪的发展，我国的海洋工程装备制造业已经步入了产业集群的雏形，基本形成了以大连—天津—烟台—青岛为主体的环渤海地区，以江苏—苏中—上海—浙江为主体的长三角地区，以深圳—广州—珠海为主体的珠三角地区。其中，环渤海地区的海洋工程装备以自升式、半潜式平台制造为主，长三角地区以生产平台及物探船为主，珠三角地区则以深水钻井船、辅助船舶制造为主。此外，我国中部地区也在打造海洋工程装备制造基地，例如，基于原有的产业和技术积累，以中船重工701所、武船集团、青山船厂等15家企业为核心骨干的武汉高端船舶及海洋工程装备高新技术产业化基地正在加速建设，成绩斐然。

## （四）市场规模

### 1. 营业收入整体呈上升趋势

我国海洋工程装备制造业发展态势较好，2020年后发展较快。2020年迎来海上风电发展期，我国海洋工程装备制造企业把握机遇，承接了风电设备项目，发展迅猛，营收逐年增加（如图1-4所示）。据统计，2022年我国海洋工程装备制造业营收突破700亿元。近年来，我国海洋工程企业也积极推动海洋工程装备"去库存"，不断改善经营情况。

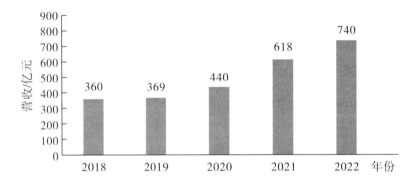

**图1-4　2018—2022年中国海洋工程装备制造业营收情况**
资料来源：中国船舶工业协会。

### 2. 海洋工程新增项目稳步增加

我国海洋工程新增项目稳步增加。随着海洋工程装备需求量的增加，近年来，我国海洋工程新增项目也呈增加趋势。图1-5的数据显示，2018—2022年中国海洋工程新增项目持续增加。

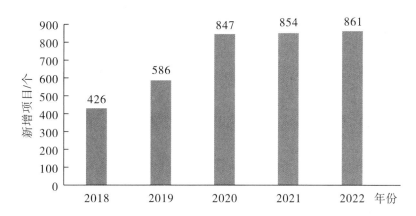

**图 1 - 5　2018—2022 年中国海洋工程新增项目**

资料来源：中商产业研究院。

### （五）产业链情况

海洋工程装备上游包括海洋工程装备设计、原材料、核心零部件及系统。海洋工程装备产业链中，技术含量最高的环节是海洋工程装备设计。目前，欧美企业掌握着上游方案设计、装备设计以及核心零部件的关键技术，是全球主要的海洋油气开发工程总承包商，在海洋工程装备制造业处于寡头垄断地位。海洋工程装备上游的主要原材料包括钢材、铝合金和电子元器件。其中，钢材是由钢坯、钢锭经过压力加工而成的材料，可形成一定的形状、性能和尺寸。近年来，我国钢材产量呈稳步增长态势。图 1 - 7 数据显示，2022 年中国钢材产量达 13.4 亿吨，同比增长约 0.27%。铝合金用途广泛，可运用在航空航天、机械制造等工业领域。而我国一直是铝合金生产大国，2018—2022 年我国铝合金产量如图 1 - 8 所示。除了 2020 年有所回落，这几年我国铝合金产量整体呈稳步增长的趋势，2022 年我国铝合金产量达 1 218.3 万吨，同比增长约 14%。电子元器件在工业领域的应用十分广泛，是现代电子工业的基础。近年来，我国电子元器件市场规模模增速迅猛（如图 1 - 9 所示），2022 年电子元器件市场规模近 23 000 亿元。

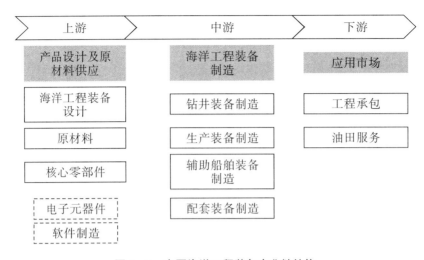

**图 1-6　中国海洋工程装备产业链结构**

资料来源：前瞻经济学人。

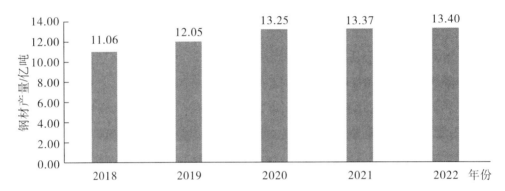

**图 1-7　2018—2022 年中国钢材产量统计**

资料来源：中商情报网。

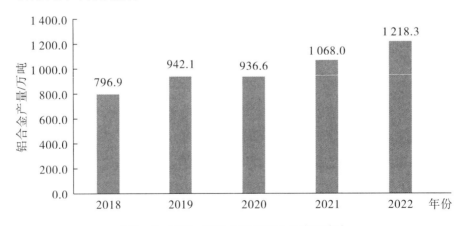

**图 1-8　2018—2022 年中国铝合金产量统计**

资料来源：中商产业研究院。

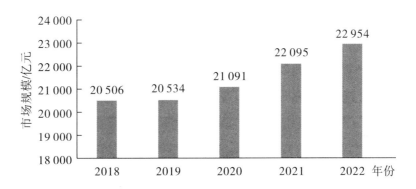

**图 1 - 9 2018—2022 年中国电子元器件市场规模**

资料来源：中商产业研究院。

海洋工程装备制造业中游包括钻井装备、生产装备、辅助船舶装备及配套装备等的制造。目前，我国海洋油气资源勘探开发技术最成熟，海洋油气资源勘探开发装备是海洋工程装备制造业的主要产品。以海洋油气资源勘探开发装备为例，根据装备在海洋油气开发中的用途划分为三类，分别是勘探开发装备、生产储运装备、海洋工程船。

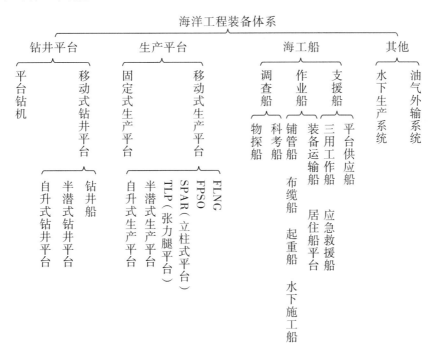

**图 1 - 10 海洋工程装备制造体系**

资料来源：《广东省海洋六大产业发展蓝皮书 2022》。

下游则是海洋工程装备的应用市场，包括海洋能源开发工程建筑、海洋工程项目总包、海上油田开采、海洋油气资源勘探开采、海洋服务等。近年来，我国主要海洋产业发展强劲，彰显了发展潜力与韧性。图 1 – 11 数据显示，2022 年我国海洋油气业增加值 2 724 亿元，突破两千亿元，达到历史高位，同比增长 68.3%。

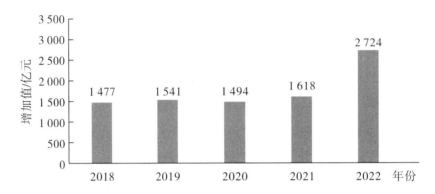

图 1 – 11　2018—2022 年中国海洋油气业增加值

资料来源：中商情报网。

我国油气业积极参与油气资源的开发。为满足增长的油气需求，近几年，我国油气行业不断增加油气勘探开发支出，积极参与油气资源的开发。据《中国石化报》数据，2022 年我国油气勘探开发投资约 3 700 亿元，同比增长 19%。随着我国对能源安全的重视和对油气的需求不断增加，预计未来我国油气勘探开发投入将进一步提高。

海洋油气开发设备种类众多。钻井平台和生产平台是海洋工程装备业最重要的两个产品。据统计，2022 年钻井平台的新租约数量为 379 份，总时长为 5 239 个月。生产平台指的是后期用来抽取、提炼和存储海洋石油的平台，一般包括固定式和浮式两类。目前，浮式生产平台在市场上较为主流，浮式生产平台包含众多种类，如表 1 –4 所示。

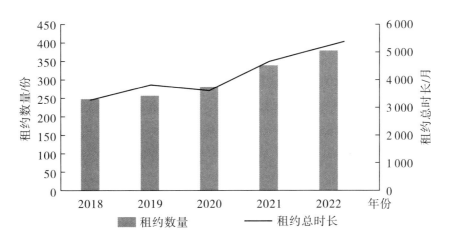

**图 1-12　2018—2023 年钻井平台新租约**

资料来源：Clarksons、中商产业研究院。

**表 1-4　我国浮式生产平台特点对比**

| 性能/产品 | TLP | SPAR | SEMI（半潜式） | FPSO |
|---|---|---|---|---|
| 适应水深 | 150~2 000 米 | 500~3 000 米 | 100~3 000 米 | 100~3 000 米 |
| 稳定性及动力性能 | 运动响应性能优异，平台运动很小 | 稳定性好，运动性能较优，深水适应性好 | 运动性能不如 SPAR，立管疲劳问题突出 | 运动性能高 |
| 造价 | 5 亿~7 亿元，小型 TLP 为 1 亿~2 亿元 | 1.5 亿~3 亿元，费用随水深变化相对不敏感 | 2 亿~5 亿元 | 2 亿~10 亿元，根据建造方式及型号不同差异较大 |

海上风电发展迎来快速增长期。在我国能源结构转型升级、海上风电成本下降等背景下，海上风电发展迎来快速增长期，海上风电装机量持续提升。截至2022 年底，我国海上风电累计装机容量达 3 051 万千瓦，同比增长 15.61%，在未来也将成为海洋工程装备的重要下游应用市场。

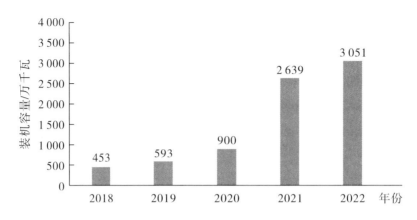

图 1-13　2018—2023 年中国海上风电累计装机容量

资料来源：中商产业研究院。

## 三、现代海洋电子信息业与工程装备制造业融合发展现状

### （一）产业链融合现状

当前，海洋工程装备制造业的智能化、高端化发展趋势是符合现代的电子信息化过程。海洋电子信息业作为一种典型的交叉产业，经过适海性的改造，电子信息单位均可涉海，在技术上，海洋电子信息业与海洋工程装备制造业融合发展是一个重要的方向。从海洋工程装备制造业的产业链来看，海洋电子信息业与其存在交叉融合的部分。在海洋工程装备制造业产业链的上游核心零部件中，电子元器件是其重要的组成部分，在产业链下游的生产平台油气勘探、海洋工程船探测等的应用领域，同样也需要用到海洋电子信息业的勘探、探测技术。

### （二）技术融合现状

当前，粤港澳大湾区海洋电子信息业与海洋工程装备制造业的融合还不全面，融合情况在世界市场中仍处于较低端的位置，上游在设计、制造、管理上的核心技术尚未突破，下游在安装、运维过程中的数字化、智能化与世界其他湾区有较大差距，产业发展"大而不强"。在技术融合上，当前海洋工程装备制造仍处于传统机械化阶段，主要以人工和半自动化设备为主，自动化程度不高，设备未能集成应用，制造环节相互独立，缺乏系统的数据采集环节、核心智能生产单元和数字化、智能化的制造工艺流程，制造效率和质量均有待提高。此外，在融合研发上，粤港澳大湾区的相关研究对标欧美仍有很大差距。首先，粤港澳大湾区关于搭建海洋电子信息的集成管理系统的研究较少，对海洋工程装备制造的全生命周期综合管控能力有待提高，当前缺乏面向海洋油气生产装备的全生命周期智能管控体系，导致海量的数据集成和关联分析尚不能满足实际需要。其次，现有管理技术也不能辅助协同的设计、制造、供应与运维，在设备、管理手段及数据上均不完善，智能决策手段匮乏。

### （三）政策指导现状

粤港澳大湾区历来重视海洋经济的发展，大湾区内海洋产业梯度明显，各具特色。差异化的地域分工使大湾区海洋经济拥有较强的合作发展空间，产业协同发展格局初步形成。其中，珠三角内陆以发展海洋第一、二产业为主，包括海洋工程装备制造、海洋石油和风能等；澳门的海洋产业主要是以生物制药、滨海旅游和会展等第二、三产业为主；依托发达的港口资源，香港海洋经济中第三产业占比高，拥有金融保险、法律仲裁、物流航运等优势海洋产业。目前，大湾区已经形成了以广深港澳为主导的海洋工业，珠江西岸以海洋工程装备制造业和海洋生物医药产业为主，珠江东岸以电子信息业、金融服务业和滨海旅游业为主。随着 CEPA、海洋产业园的建立和广东自由贸易区的建设，大湾区海洋产业的分工与合作得到了进一步的发展，为海洋电子信息业与工程装备制造业的融合奠定了良好的基础。

## 第二节　现代海洋电子信息业与工程装备制造业
## 融合发展现存问题

粤港澳大湾区通过近 20 年的努力发展，在通信、消费电子领域取得了长足的进步，海洋电子信息业与工程装备制造业产业融合格局已初步形成，但对标发达国家差距较大，当前主要存在海洋经济发展统筹规划不足、相关生产要素自由流动受限和海洋产业链尚未实现有限延伸与整合的问题。

## 一、海洋经济发展统筹规划不足

在海洋经济上，粤港澳大湾区的发展程度不一，广深港澳四个城市的海域资源较少，开发强度较高，总体利用率较高，单位面积产值较高；惠州和江门的海陆空间资源十分丰富，但是总体上的利用效率不高。2023年，广州及深圳的GDP总和超过大湾区广东省内其余七市之和，是其余七市GDP总和的近1.44倍；香港、澳门人均GDP都遥遥领先于大湾区其余九市。广州、深圳和香港三地基础设施建设程度较高，海陆空交通系统发达，资金、科技、人才等资源要素集中于此，而江门、惠州和中山相对落后。与此同时，粤港澳大湾区海洋产业发展缺乏湾区层面的指导和协调，各地海洋产业政策雷同，缺乏区域间的产业统筹、分工协作，规划的主要海洋产业较相似，导致其规划的发展定位存在重叠。大湾区各市先后提出要发展海洋电子信息业、海洋工程装备制造业等战略性新兴海洋产业，一定程度上导致各个地区在海洋资源开发、产业布局、基础设施建设等方面存在盲目性和无序性，容易使得大湾区内各地竞争大于合作，不利于区域内的产业协同发展。

## 二、相关生产要素自由流动受限

海洋电子信息业和工程装备制造业相关的生产要素、跨境涉海基础设施尚未能在湾区内自由流动、充分利用。粤港澳大湾区具有"一国"、"两制"、三个关税区、三种法律制度的特点，既利于粤港澳大湾区优势互补，实现协同发展，又在客观上存在着许多体制和机制上的壁垒与问题，直接阻碍生产要素在大湾区内部高效、便利地流动，其中，特别体现在服务贸易和投资便利化上。一是在现行CE-PA及其配套协定中，对港澳服务业提供商的认定存在很高的门槛，港澳企业在进入内地后仍然存在"准入不准营"的制度壁垒，需要进一步落实国民待遇；二是港澳企业在粤进行相同的工程，往往要进行多轮的登记，造成了大量的资源浪费、经营效率低下和经营成本的增加；三是对港澳人士在内地设立公司、开设银行账户有一定的限制，手续烦琐，而且还要求提供在内地的固定住址及电话。另外，职业资格的相互承认也需要进一步加强。内地和港澳在很多产业上的技术规范和管理办法都有很大的不同，港澳人士在内地开展业务，会面临诸多阻碍。虽然粤港澳签订了 CEPA 等一系列协议，但部分城市仍然很难利用这些协议表达利益诉求、达成合作，甚至大湾区各地间存在竞争关系和利益冲突，导致各地存在着"玻璃门"的边界效应，相关的生产要素流动受限。

### 三、海洋产业链尚未实现有效延伸与整合

其一，湾区内各地海洋电子信息业和海洋工程装备制造业跨境合作成本较大，大湾区内尚未形成产业链的有效延伸和相互配套。大湾区内城市间海洋经济发展水平不一，呈现梯度差异，珠江东岸的海洋经济发展水平明显高于西岸，由于跨境交易以及制度成本问题，海洋工程装备制造业和海洋电子信息业产业链尚未能有效实现延伸。其二，大湾区内海洋科技创新要素合作不够紧密，科技创新活力不足。大湾区海洋电子信息业与工程装备制造业融合的过程必然是人才、技术、创新等要素融合的过程。目前大湾区尚未形成湾区层面的海洋产学研用体系，大湾区内海洋科技尚未有渠道、平台实现融合与创新，港澳的海洋科技基础前沿创新与珠三角涉海企业的应用创新存在一定脱节，基础研究转化率不高，大湾区内的创新技术也未能实现共享，制约了海洋科技产业的经济合作与高质量发展。其三，大湾区海域产业集群发展不够完善，产品附加值较低，拥有核心技术的龙头企业较少。由于缺乏跨区域、跨产业的大型企业对大湾区内海洋资源进行整合，大湾区作为"世界工厂"，较难摆脱"低端锁定"困境，难以往全球价值链高端部分延伸发展，且可能由于技术上的后发劣势与欧美国家的差距逐步拉大。

## 第三节 现代海洋电子信息业与工程装备制造业 融合发展的机遇与挑战

随着我国能源结构转型升级、电子信息技术的突破以及海洋工程装备制造智能化、数字化的深入发展，海洋高端装备制造业将迎来新的发展契机。同时，由于受到发达国家技术垄断以及难以实现数字化和智能化的转变，发展海洋高端装备制造业将面临诸多挑战。

# 一、机遇

## （一）市场机遇

大湾区及周围海域资源丰富，开发利用潜力大，海洋工程装备制造业具有较好的发展前景。研究表明，珠江口盆地预测蕴含 89 亿吨石油资源，目前珠江口盆地已探明 11 处远景景区，19 处成矿区，2 处千亿方可燃冰矿。在神狐海域经过 60 多天的试采，累计产出 300 多万立方米天然气。此外，大湾区还拥有近 $1.42 \times 10^{19}$ 焦耳的地热资源，约每年 150 亿立方米、优良率达 77.1% 的地下淡水以及丰富的海砂资源。

## （二）政策机遇

海洋工程装备制造业作为六大海洋战略性新兴产业之一，是发展海洋经济的先导性产业，得到了国家的高度重视。工信部明确提出要"积极利用新一代信息通信技术，加快推动与互联网融合发展，提高海洋工程装备制造数字化、网络化、智能化水平"。可见，海洋电子信息业与工程装备制造业的融合，对于推动海洋工程装备制造业智能化、数字化、网络化发展有着极佳的政策机遇。

表 1-5　国家层面战略政策

| 年份 | 机构 | 相关规划 |
|---|---|---|
| 2012 | 工信部 | 《海洋工程装备制造业中长期发展规划》 |
| 2015 | 国务院 | 《中国制造 2025》将海洋工程装备及高技术船舶作为十大重点发展领域之一 |
| 2015 | 中共中央 | 《中共中央关于制定国民经济和社会发展第十三个五年规划的建议》："十三五"期间，我国将促进海洋工程装备及高技术船舶产业发展壮大 |
| 2017 | 工信部等八部委 | 《海洋工程装备制造业持续健康发展行动计划（2017—2020 年）》 |

资料来源：笔者根据公开资料整理。

## 二、挑战

### (一) 关键技术制约行业发展

欧美等发达国家和地区的海洋工程装备制造业数字化、智能化发展程度高，在全球海洋工程装备制造业处于垄断地位，掌握着关键的核心技术，对我国实行技术封锁政策。我国目前处于全球海洋工程装备制造业产业链的中低端，较多卡脖子的关键技术无法突破，信息化水平较低，已成为制约产业融合发展的瓶颈。最近几年，美国在世界范围内掀起了一股"去中国化"的浪潮，严重冲击着大湾区的核心技术研发。欧美制造业的回流使得跨国公司从我国撤出，相应的技术、管理、人才也呈"逆转移"态势，给我国学习欧美国家的先进技术、突破关键技术带来挑战。

### (二) 行业数字化、智能化程度偏低

粤港澳大湾区拥有我国电子信息基础最深厚的珠三角地区，但当前大湾区海洋工程装备制造业的电子信息化程度仍有待提高。在海洋油气生产装备上，数据集成化程度不高，设计、制造、运维等部分存在"数据孤岛"，海洋油气生产装备的智能化生产管理系统匮乏，也缺乏智能生产线，大湾区海洋工程装备制造业的电子信息化程度有待提高。

## 第四节　国内外典型案例分析与经验借鉴

国外早已重视海洋科技产业的发展，美国、欧盟、澳大利亚、日本在海洋高端装备制造上遥遥领先，新加坡、韩国等后发国家也紧随其后。深究其海洋科技产业不断发展的背后，主要与国家充分挖掘、利用其优质湾区海洋资源的行为有关，以下将以美国休斯敦湾区和新加坡的海洋科技产业发展为例，为粤港澳大湾区海洋电子信息业与工程装备制造业融合提供启示。

# 一、美国

## （一）发展历程及成果

海洋产业是美国产业发展的一大重点，是美国国民经济支柱之一。其中，海洋科技产业科技含量较高，是海洋经济的关键产业。为维持其在全球海洋经济的霸主地位，美国对海洋科技产业的发展投入了巨额的资金，海洋工程装备制造业已成为美国领先的海洋科技领域。目前，美国拥有全球50%的海洋石油装备，以及最先进的海洋科考装备，在海洋工程装备上的成果突出，拥有能够从1 500米以上的深海进行油气开发的海洋工程装备。美国海洋工程装备的电子信息化发展程度高，在水下云计算、深海勘探、水下智能感应器、无人船、深潜机器人等高端工程装备制造领域遥遥领先。

## （二）美国湾区海洋工程装备制造业发展情况

美国海洋经济发展过程中陆续涌现出诸多沿着优质海岸线和海洋资源而成的湾区，比如美国的休斯敦、波士顿、纽约、夏威夷等。美国的休斯敦湾区有着瞩目的海洋工程装备制造业发展成果，是全球海洋装备合作交流的平台。依托湾区优质的海岸线以及丰富的海洋石油化工资源，休斯敦天然具备发展海洋工程装备制造业的优势，很早便在高端海洋工程装备制造业上布局发展，拥有较强的技术、经验先发优势。当前，休斯敦已经是世界石油化工的中心，拥有强大的海洋工程装备制造业集群，其良好的产学研环境促进了海洋工程装备制造业的电子信息化、高端化、数字化、智能化发展。总结休斯敦湾区发展海洋高端工程装备制造业的经验，主要有以下几点：

### 1. 充分挖掘石油资源优势，带动高端海洋工程装备发展

休斯敦湾区蕴含丰富的石油化工资源，具有天然的油气开发优势，是孕育高端海洋工程装备制造业的温床。美国通过充分挖掘休斯敦湾区附近的石油化工资源，培育或吸引大型石油化工、能源巨头公司，如艾克森美孚、壳牌、康菲、BP、雪佛龙等世界级石油企业，通过让这些巨头公司在休斯敦设立生产或研发基地，引领带动当地海洋工程装备制造业的发展，从而在休斯敦湾区建立起完整的海洋

工程装备制造产业链，形成配套齐全的产业链集群。全美近一半的基础石油化工都在休斯敦湾区附近，休斯敦湾区还聚集了石油勘探公司、勘探生产公司、油田服务公司等海洋工程装备制造业上下游配套环节，占据了美国四分之一以上的油气勘探岗位。而随着电子信息业的技术突破，休斯敦不断推动海洋工程装备制造业的高端化、智能化、数字化发展。休斯敦在石油地质勘探、深水浮式海洋平台、光纤和数字化油田、化工科研领域均位于世界前列。

在海洋工程装备制造的深水领域，目前休斯敦处于全球的技术垄断地位，休斯敦的石油巨头壳牌在深水领域技术雄厚，拥有深水、超深水生产中心，固定平台，海底生产系统以及最大的钻井船队，在深水立柱式平台上的技术也是首屈一指。除此之外，休斯敦在海洋工程装备制造业上游的核心业务以及设计上占据全球垄断地位，休斯敦湾区内的石油化工企业 Friede & Goldman 已有 60 多年海洋工程装备的设计经验，是全球海洋工程装备制造领先者，已在全球设计超 100 座海洋设施。

2. 重视海事人才培育，持续为智能制造输血

持续的科技创新是保持制造技术先进性的重要基础，休斯敦把海事人才培育放在了重要位置。为保证科技创新活力，为休斯敦海洋工程装备的智能化发展持续输血，休斯敦把海事人才教育培训放在了很重要的位置，提出了港口海事教育计划，联动了湾区内的海事从业人员、工会、学术界等，成立了港口海事教育计划合作伙伴。该合作伙伴的海事教育计划于 2018 年获得了美国职业课程的卓越奖项，可见该联盟对海洋工程装备制造总体从业人员起到的教育功能以及为其带来发展的创造力。

除此之外，休斯敦港海事教育项目也为职业教育建立了一个很好的平台，将海湾地区最好的中学和大学联合起来，使其船员得到更好的教育，如休斯敦社区学院和加利纳公园高中可为学员提供职业教育，南得州大学则提供授予学位的教育。在教学体系的设计上，除了理论课程的学习，还提供进入美国海岸警卫队、边境保护局、海关等实习机会，并设置奖学金，支持湾区内海事人员的职业发展。

3. 搭建会展平台，促进海洋工程装备制造领域前沿技术的交流

休斯敦重视搭建会展平台，促进国际海洋前沿技术的交流。休斯敦于 1969 年搭建海洋技术交流平台 OTC，全称为海洋科技大会（Offshore Technology Conference），是全球最重要的油气勘探开采和环境保护专业展览会，主要由美国石油工

程与技术协会组织举办。该展览会是休斯敦最重要的国际交流会，为国际海洋工程装备制造领域进行合作、贸易、技术交流，最终打入欧美市场提供了最佳契机。

每年休斯敦海洋科技大会的举办都能够汇聚全球超 300 家海洋工程装备制造科技公司参与，这些公司在展会上展示其最新的技术产品，这是各大公司产品推介、经贸交流、签订订单的绝佳时机。同时，对于参加该交流会的企业，OTC 特别设立了"卓越成就奖"，以表彰在海洋工程装备制造方面有重要技术突破的企业或个人。例如，2018 年度 OTC 卓越成就个人奖由休斯敦大学助理教授布莱恩·斯基尔斯获得，他在开拓新型海底完井作业方面取得了非凡成就，开发了新的回接连接技术，该技术树立并重新定义了行业标准。此外，壳牌和 SBM Offshore 获得了2018 年 OTC 卓越成就机构奖，因其技术的突破创新拓宽了人类油气开采的深水距离，其合作首创的立管系统与最大的可拆卸系泊系统成功开采了全球最深的油气项目。

## 二、新加坡

### （一）发展历程及成果

新加坡是全球重要的海洋中心城市，其海洋经济发展迅速，已成为新加坡重要的支柱产业之一。2009 年起，新加坡政府启动海洋产业转型升级，推出一系列推动海洋经济发展的战略，促进湾区海洋工业和服务业之间的产业结构调整。当前，新加坡已形成了以海事工业、海洋工程建筑、海洋石油和化工、海洋交通运输、海事金融等为主的海洋产业结构，持续增强其在国际上海洋中心城市的地位。新加坡是国际上重要的海洋工程装备制造中心，其海洋工程工业是国内制造业一大支柱，涵盖了修船、造船、近海工程装备制造等。

新加坡的海洋工程装备制造业是从修船、造船的业务起步的，1859 年，新加坡建成第一个干船坞。此后，受益于新加坡港口贸易的繁荣，新加坡修船与造船的业务迅速发展，建立起了如吉宝船厂、裕廊船厂、胜科海事等大型修造船企业。20 世纪 70 年代，新加坡已成为全球领先的大型船舶修理中心。随着海洋制造技术的积累和发展，新加坡开始积极拓宽海洋工业制造领域，向海洋工程装备制造发展。1969 年，新加坡在钻井平台上取得进展，首次成功交付了一座自升式钻井平台，此后新加坡钻井平台的产能迅速扩大，海洋油气装备制造领域的装备产能不断扩充，承接欧美海洋工程装备制造产业链的转移。到 1980 年，新加坡成为全球最大的钻井平台制造商，海洋工程装备制造能力在国际上名列前茅。随着信息技术的发展，新加坡海洋电子信息业也配套发展，为海洋工程装备制造业提供通信、导航、电子、自动化、精密加工等的高端技术，海洋电子信息业与工程装备制造业融合稳步发展。

### （二）新加坡海洋工程装备制造业发展情况

当前，新加坡作为后发国家迎头赶上，发展处于世界第二梯队。2016 年，新加坡政府为 20 多个工商领域的产业制订转型计划，"海洋工程产业转型蓝图"是其中涉及海洋产业工商领域的重要部分。在转型蓝图中，新加坡提出了实现智能海洋的设想，在海洋工程领域向智能化、科技化方向升级，借助创新与资源的优化配置，提高劳动生产效益，实现在全球的领先地位。随着新加坡临海工业转型蓝图的不断推进，新加坡的国际竞争优势也持续释放。相比于欧美领头羊的地位，新加坡在海洋工程装备制造领域属于后发国家，经过多年的发展跻身世界第二梯队。总结新加坡海洋工程装备制造业的发展经验，有以下几点：

1. 持续追踪海洋经济发展趋势，不断促进产业转型升级

新加坡持续关注技术发展动向，推动自身海洋产业向创新驱动转变。新加坡的海洋工程装备制造业由修、造船发家，在发展海洋工程装备制造业的过程中持续关注着世界海洋经济的发展动向，推动自身海洋工程装备制造业从要素驱动向技术、创新驱动转变。在世界海洋工程装备信息化变革和数字化改造的进程中，新加坡积极调整海洋发展战略，提出"海洋工程产业转型蓝图"，重视其电子信息化发展，大力推动海洋电子信息业与工程装备制造业融合，推动海洋工程装备往数字化方向发展，促进海洋产业整体转型升级。

2. 重视政府的顶层设计，注重政府产业政策的运用

新加坡开放自由，国家层面重视产业政策的扶持指导。作为世界上最自由的经济体系，新加坡拥有自由港市场化的基因，历来以自由开放闻名，这为其打造国家海洋经济中心提供了肥沃的土壤。与此同时，作为后发国家，新加坡十分重视国家层面产业政策的指导，确立了"政府主导 + 市场需求"相融合的发展模式，在国家层面制定了相关促进发展的政策，也积极推动海洋经济管理体制的创新发

展，并且牵头建立了"官产学研"的融合平台，推动海洋科技产业创新成果的转化，为海洋工程装备制造业的电子信息化发展提供持续的内生力。

政府在产业政策层面注重海洋产业集群的统筹与协调，注重发挥产业群的集聚效应。新加坡借助政府的战略规划，结合市场化的运作，有意识地引导海洋产业集群发展，通过对临海工业、服务业以及港口资源的整合和建设，促进关联性强的海洋产业配套发展，有力地推动了海洋工程装备产业链上下游的产业协作，以及发挥同业的集聚效应，增强了海洋工程装备制造业的整体竞争优势。

新加坡政府的产业政策注重对前沿科技、新兴海洋产业发展动态的指导，积极引导海洋产业技术与管理的创新发展。新加坡政府非常重视海洋电子信息业的发展，近年来出台蓝图规划，推动海洋产业的信息化、智能化建设。积极推进海洋电子信息业与工程装备制造业的融合发展，通过创新海洋经济管理集中，打造海洋工程装备技术创新体系，加快了智慧海洋工程建设，激发了海洋工程装备制造企业创新活力。

## 三、国际经验借鉴

总结美国、新加坡发展海洋高端工程装备制造集群的经验可知，要促进海洋工程装备制造业与海洋电子信息业的融合发展，推动海洋工程装备制造业往高端化、科技化方向发展，须加强区域集群的统筹与协调，促进内生性创新生态形成；须制定科学合理的海洋产业融合发展顶层设计；推动海洋电子信息业的数字化技术成果在海洋工程装备制造领域深度应用。

### （一）加强区域集群的统筹协调能力，促进产业链协同发展

海洋电子信息业和海洋工程装备制造业具有天然的互补性与融合性，海洋工程装备制造业的电子信息化发展正是符合其产业转型升级、生产要素由低级向高级转换的方向。两个产业天然的融合需求短期内会在湾区内部形成一定内源性的集聚。然而，海洋工程装备制造业具有高风险、高投入的属性，其技术研发耗时长、产品开发速度慢、成本高，导致其市场化机制的培育较不稳定、不成熟，整个产业集群的发展模式也存在不确定性。因此，长期来看，仍需要重视海洋电子信息业集群与海洋工程装备制造集群之间共同生态圈的培育，主动积极地引导其

创新文化的融合发展，这也是海洋战略性新兴产业集群得以培育发展的关键。因此，政府应该出台相应的政策从外部催化国内海洋工程装备制造业的电子信息化发展，形成激发产业活力的外生动力机制，为其可持续的高质量发展助力，让海洋电子信息业和工程装备制造业集群在宏观政策的引导下，更高效地形成内生性的互惠双赢、共享收益的创新生态，促进两大产业融合发展，实现产业融合的积极效益。

### （二）　制定科学合理的海洋产业融合发展顶层设计

海洋战略性新兴产业的发展离不开科学的顶层设计，海洋电子信息业与工程装备制造业的融合发展也需要顶层设计来提供基本的指引。海洋工程装备制造业的生命周期较长，在不同发展阶段其发展的需求不同，政府应该针对其产业发展阶段的差异化需求，制定科学合理的顶层设计，帮助其更好地发展，做到有效服务。同时，政府应该鼓励培育海洋工程装备制造的创新中介组织，对于创新活动给予政策支持，出台有利的税收政策，扶持高端海洋工程装备制造业集群发展。在海洋科技产业创新成果的转化、应用和推广上，区域发展政策应该协助其创造更大的创新空间，支持区域创新网络机制的建立。政策重点还必须围绕海洋工程装备制造主要企业的创新、转型和并购，鼓励企业参与全球生产分工，通过引入外部竞争激发产业集群的活力。

### （三）　推动海洋电子信息业的数字化技术成果在海洋工程装备制造领域深度应用

当前海洋电子信息技术不断突破，区块链、5G通信、物联网、人工智能技术在海洋工程装备制造业的应用前景广阔。通过推动产业间的技术融合，电子信息技术的创新能够持续为海洋工程装备制造业赋能。此外，电子信息业的技术创新能够推动传统产业规模效应的释放，通过强化数字化平台建设，对传统海洋工程装备制造业进行数字化改造，构建网络化、数字化的系统机制，能够有效改善海洋工程装备制造业的发展动能，实现提质增效，并推动海洋工程装备制造业的技术迭代、创新，营造良好的科技创新环境，推动形成创新要素循环互动的海洋工程装备制造集群。

# 第五节　现代海洋电子信息业与工程装备制造业融合发展的重点领域

技术融合是海洋电子信息业和工程装备制造业融合发展的重点领域，当前，欧美等发达国家和地区的电子信息技术较为成熟，日本和韩国等后发赶超国家也在海洋工程装备智能制造及系统集成制造方面取得突破。虚拟技术、精密制造技术、集成技术等是当前海洋工程装备制造的电子信息化方向。

## 一、国外融合发展现状

目前，国外生产海洋工程装备的发达国家和地区正在不断推动海洋工程装备的电子信息化，将海洋电子信息业的技术突破用于海洋工程装备制造的发展上。当前，海洋工程装备制造的电子信息化方向有虚拟技术、精密制造技术、集成技术、人工智能技术等。随着生产理念的改变、网络化制造的升级，海洋工程装备制造的异地设计、异地生产管理也是技术发展的焦点。在数字化、敏捷制造等先进技术突破的背景下，并行工程等先进模式逐渐得到广泛应用。

欧美的电子信息技术较为成熟，目前已初步实现了海上油气生产设施的智能化设计和管理。如西门子创建了海洋工程装备制造从设计到售后全周期的"数字孪生模型"，充分发挥了 Top sides 4.0 综合软硬件一体化设计和管理解决方案的作用，为海上油气生产设施的全生命周期管理提供支持，实现了开发周期更完整、建设成本更低、运维效果更好的目标。

日本、韩国在海洋工程装备智能制造及系统集成制造方面取得较大的突破，日韩通过开发集成制造系统，打通各个环节的数据流通问题，加强设计与集成制造之间的联系，实现了油气生产设备设计与制造一体化。如由韩国三星重工与 Intergraph 联合开发的 Smart 3D 是智能设计的一大突破，于 2012 年首次在钻井船设计中使用，极大地提高了设计效率。Smart 3D 通过充分利用专门为海洋工程项目开发的宏观几何系统和高级版本，集成各种设计规则，能够快捷地创建节点模型，自动检查设计问题并纠错，还能够与制造自动化系统共享设计信息，避免数据的偏差，并根据设定的时间表自动执行操作。据统计，Smart 3D 在实际的运用中提高了 50% 以上的设计效率。在生产设备设施方面，日本海上油气生产设备企业重点开发开放式和封闭式结构的双壳体焊机，从而更加智能、灵活、操作方便，同时易于维护。各种类型的焊接机器人广泛应用于制造过程中，以提高装配和焊接效率。韩国现代重工一直注重进行大数据研究，目前已将大数据技术应用到海洋工程装备制造第一、二代的设计开发以及装备制造管理的决策支持中。当前，韩国启动了"利用大数据防止海洋工程装备施工延误研究项目"，该项目将海洋工程装备项目的建设过程分为不同阶段，并对每个阶段进行重点分析，以减少延迟交付错误。研究成果将应用于实际的施工过程中，预计将支持施工过程优化并每年节省约 500 万美元。

总体而言，西门子、三星重工等少数国外企业在单体海上油气保障装备智能化生产方面具备一定优势，并在综合项目信息管理系统方面积累了一定经验。但目前，国外海上油气生产装备的智能化生产整体还处于早期阶段，中国国内行业有机会迎头赶上。

## 二、技术融合路径方向

### （一）人工智能赋能海洋装备

未来，评价海洋工程装备的性能将从传统的数量、吨位转变为其智能化、数字化、无人化发展水平。装备智能化与智能设备是人工智能赋能海洋装备的两种实现形式。装备智能化强调用人工智能算法对原有的装备进行智能化改造，将算法嵌入传统装备从而提高其识别、判断等能力；智能设备强调设备本身是具有感知、分析等智能功能。装备智能化是后来的转变，而智能设备是先天的。装备智能化的关键在于为装备定制具有感知、推理等功能的智能模块。智能设备的典型代表是无人系统，具有自主性的特点。人工智能赋能海洋装备，海洋装备的智能化水平体现在以下几个方面：

其一，物理领域的智能化。将控制规则等知识以智能模块或软件的形式融入海洋装备中，提高其感知能力、机动能力等，从而催生无人船、无人机、无人潜艇以及智能生产系统和自动诊断修复系统等。其二，信息领域的智能化。将人工智能应用到海洋工程装备制造信息获取、处理等各个环节，扩大采集范围，加快处理速度,提高信息质量,丰富信息对抗手段。其三,认知领域的智能化。为我国海军装备的航路规划、指挥控制、维修保障等领域建立类人脑的分析、判断、决策与学习能力,提升态势感知、态势判断与辅助决策的能力。其四,社会领域的智能化。将人类智慧与机械精度有机结合起来,从而达到人与人、人与设备、设备与设备之间的深度融合、共享感知、协同行动。

### (二) 海洋装备智能化发展

设备智能化可以渗透到海洋设备"建设、管理、运行、维护"等环节,如今,海洋装备的传感装置、控制系统、决策策略、运维技术、制造环境的智能化改造取得了重大进展。海洋装备智能化改造如图1-14所示。

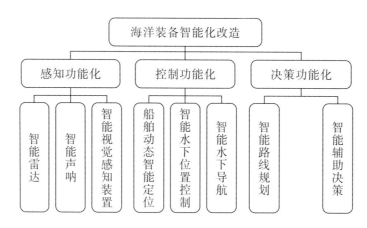

**图1-14 海洋装备智能化改造**

1. 感知智能化

"看得清、听得远"是提高船用设备性能的重要指标,海洋设备一般通过雷达、声呐以及各种成像设备来感知电、声、光的变化,进而了解周围的环境。因此,提高雷达、声呐和视觉感知装置的智能化水平,有利于增强海洋工程装备的感知能力。

智能雷达。雷达的智能化包含三个层面:处理智能化、系统智能化和体系智能化。处理智能化是基于数据挖掘、深度学习、强化学习和视觉认知,可实现特征提取、目标识别、干扰对抗、检测跟踪;系统智能化能够实现电子战博弈对抗、雷达无人控制;体系智能化能够实现复杂射频探测、多源信息融合、雷达群体智能等关键技术。

智能声呐。声呐智能将先验知识和持续学习引入传统声呐系统中，对发射器进行自适应反馈控制，从而通过深度学习等系统方法在发射器与接收器、环境与目标之间建立动态闭环，该方法提高了声呐图像识别能力。当今第四代主流声呐的主要特点是多阵列、多频段探测，复杂信息处理和集成应用，随着人工智能技术的不断发展与完善，声呐系统的智能化程度也在不断提高。第五代声呐将实现多功能无人战斗声呐，在灵敏度、探测范围、算法精度、智能水平等方面都有较大的提升，典型产品是美国雷神公司为美国国防高级研究计划局的反潜连续跟踪无人船"海上猎人"项目开发的模块化可扩展声呐系统（MS3）。

智能视觉感知装置。以色列 Orac AI 公司的智能视觉传感系统能够有效降低由人因错误导致的碰撞事故，保障航道及深海水域的航行安全。这种飞行器能够将 AIS 数据、雷达数据以及电子海图数据进行整合，提出了一种基于自主导航的船舶自动感知方法，通过对电力系统和传感器的信息进行有效的交互，保证了船舶的自由航行。粤港澳大湾区海洋工程装备应以人工智能算法为基础，将视觉传感装备智能化，以提升海洋装备的成像性能，针对海洋环境、气候海况及复杂照明等特点，将自然光与红外光源相结合，对图像进行配准、识别与匹配，以改善图像的显示效果，并迅速获取语义信息。其中，智能成像技术包括透雾技术、黑光与高分辨成像、红外与可见光图像配准、图像识别、语义分割和图像抽取等。

2. 控制智能化

运行平稳、精准是衡量船用设备性能的重要指标，波浪和汹涌的洋流使海洋设备难以保持稳定位置、精确控制和准确定位，人工智能的引入可以进一步提高海洋设备的检测率。

船舶动态智能定位。动力定位是船舶工程的一种定位方法，首先利用声呐确定船舶位置，然后船舶自动控制系统发出指令，控制安装在船头和船尾的侧推进器确定船舶位置。基于比例积分微分（PID）控制、线性二次高斯（LQG）控制、直接参考自适应控制（DMRAC）、反馈和模糊控制以及神经网络方法，可以实现智能动态定位控制。

智能水下位置控制。自主水下机器人（AUV）的位姿控制涉及自身运动形态、执行器和传感器等多个方面的复杂控制，而海洋环境复杂多变，使得其定位控制成为 AUV 研制中的一大难题。AUV 六个自由度的空间运动是一种显著的非线性、交联结构。常用的控制方式有：神经网络控制、模糊控制等。神经网络控制具有较好的优势，可充分利用 AUV 的强非线性和各自由度间的相互联系，具有自主学习能力；但其参数难以调节。结果表明，在外界干扰幅值较小的情况下，神经网络将产生显著的学习时滞，从而引起系统的振荡。模糊控制器设计简单、稳定性好，但模糊变量和隶属函数的选择范围较大，限制了模糊控制在控制水下机器人运动中的应用。相关文献在模糊控制方法的基础上，结合神经网络的自学习能力，提出一种新的 S 面控制策略，并利用免疫遗传算法对其进行优化，加快 S 面控制器的整定速度，从而显著地提高控制器的控制精度与收敛性。

智能水下导航。当前，大部分的 AUV 都是利用人工智能算法进行联合导航，以实现惯性、多普勒声呐以及基于声呐影像的视觉导航；采用增强学习等方法，实现了对水下声波的追踪与定位。采用 GPS 外定位技术，改善了定位的准确性。

3. 决策智能化

海洋环境十分复杂、瞬息万变，陆地、海洋、空中、太空等维度的情况相互关联，仅仅依靠手工解读情况地图，已日益难以理解和预测形势，清晰的判断和精确的计划也是提高海上设备性能的重要标准，人工智能的引入可以进一步提高海上设备的决策能力。

智能路线规划。智能路径规划不仅包括水面车辆的智能导航路径规划，还包括水下机器人的智能避撞。为解决船舶导航问题，有关研究拟从船舶动力学与静态性能两个角度出发，采用粒子群人工智能算法，对船舶航迹进行自适应搜索，从而实现船舶航迹规划。针对现有航迹规划方法存在的条件单一等问题，有关研究拟基于云计算的基因特征算法，对船舶航迹的大数据进行基因特性分析，获取有代表特性的备选航迹。在此基础上，采用大数据优化算法，求解并获取备选航线的最优航迹。水下航行器由于风浪、海流和深海压力等多种因素，其在海洋中的运动受到了极大的影响。为了更快地适应海洋环境，并具备较好的避撞规划与路径优化能力，AUV 必须具备很好的学习机理。针对上述问题，该项目提出了一种基于网络的 Q - 学习方法，并将其引入多个传感器数据中，并利用势场方法，将多个传感器的信息融合起来，最终实现 AUV 在较为复杂的海洋环境中的自主避障行为学习。

智能辅助决策。辅助决策的智能化，就是在知识地图与群体智能算法的基础上，引入各种传感信息，融合先验知识与规则，进行海洋信息的智能关联与集成处理，以及资源调度策略的自动生成与优化，为指挥员快速、准确、全面地决策提供支持。如我国已实现的基于电子海图显示与信息系统的防避台智能辅助决策系统，其通过综合运用计算机技术、人工智能技术和自动控制技术，使智能化船舶海上机动避台和防台部署成为可能。通过智能辅助系统的使用，船舶在出海探测、远洋漂流中机动避台，利用智能辅助决策对台风动态的分析判断，自动化生成防避台决策方案，并辅助实施。

## 第六节　现代海洋电子信息业与工程装备制造业融合发展路径

粤港澳大湾区海洋电子信息业与工程装备制造业的融合发展需充分结合大湾区两大产业的发展现状、融合现状，认真剖析当前产业发展与融合过程中出现的问题，把握当前推进两大海洋科技产业融合发展的机遇与挑战，借鉴美国、新加坡等国际湾区的发展思路，从制度、环境、企业、科创的角度探究融合发展路径。

### 一、完善政策制度体系，创造海洋工程装备制造业良好的外部环境

粤港澳大湾区海洋电子信息业与工程装备制造业的融合发展，需要政府创造良好的外部环境，包括法律环境和市场环境。持续完善相关法律和制度设计，如科技发展政策知识产权保护、鼓励企业发展的优惠政策等。充分注重发挥市场和企业的作用，在促进海洋工程装备制造业发展的过程中以企业为主体，激发市场活力，推动产业集聚。从激励自主创新、转型升级、鼓励发展新业态等角度，针对产业的具体特征，制定一套能够指导、牵引、激励、约束、监督、调配海洋工程装备制造业发展的政策，形成能够延长产业链和促进产业结构优化升级的政策手段。要进一步健全知识产权保护法律体系，维护科技创新的积极性，为实现关键核心技术和高端技术的突破创造条件。

### 二、发挥市场和政府力量，建立海洋工程装备制造业发展协调机制

粤港澳大湾区海洋工程装备制造业发展水平不一，各市规划定位雷同，缺乏整个湾区层面的顶层设计与统筹。要建立和完善促进粤港澳大湾区海洋工程装备制造业发展的协调机制，充分发挥市场在资源配置方面的基础作用，运用市场的价值取向、供求关系和竞争法则，通过利益导向、市场约束、资源约束等"倒逼"

的方式对科技创新进行指导。要充分发挥政府在产业发展规划、财税、金融等政策支持上的主动性，以"政府之手"解决"看不见的手"的"失灵"。构建产业集群的统计监测与评估指标体系，搭建国际合作与信息交换平台，强化对产业集群发展的指导、评估与协调服务。

## 三、推动强强联合，充分发挥龙头企业带动作用

实施海洋工程装备制造业龙头企业培优工程，建设产业化龙头企业总部基地，支持龙头企业通过强强联合、同业整合、兼并重组做强做优做大，加快培育一批具有全球竞争力的世界一流企业、具有生态主导力的产业链"链主"企业，并充分发挥产业链整合优势，构建大中小企业融通发展的企业群。弘扬企业家精神，建立优质企业"白名单"，支持打造更多创新能力、技术质量、规模、效益、品牌、形象都达到世界一流的优质企业，探索开展企业分类综合评价，引导土地、劳动力、资本、技术、数据等资源向优质企业流动。加快推进核心承载区向企业综合服务、产业链资源整合、价值再造平台转型。

## 四、鼓励海外收购，提升研发、服务及国际化水平

借助国外优秀的研发力量和已有的专利成果，有助于粤港澳大湾区海洋工程装备设计研发水平快速提升。当前，全球海洋工程装备制造业进入低潮期，企业市值大幅缩水，为粤港澳大湾区相关企业收购国外设计企业创造了有利条件。鼓励大湾区内海洋工程装备制造骨干企业收购国外先进设计企业，以及相关技术和专利，最大限度地保留人才，沿用国外设计品牌，弥补企业在设计研发方面的短板，同时借助收购的企业提升自身国际化程度和市场认可度。借鉴推广中集集团收购新加坡来福士、瑞典 Bassoe Technology，中车集团收购英国 SMD，以及中国海洋石油工程股份有限公司与美国福陆公司组建合资企业的经验做法，选择在海洋工程装备研发设计、生产制造和综合服务领先的国际企业，通过海洋产业发展基金资助粤港澳大湾区有实力的企业，积极进行精准招商、收购兼并或组建合资公司。

# 第二章 海洋牧场与海上 风电融合发展案例研究

　　中国领海面积约 300 万平方千米，如何充分利用丰富的海洋资源是一个重要课题。海洋牧场是海洋经济的重要组成部分，在大食物观的视角下，辽阔的海域就是丰饶的牧场，发展海洋牧场不仅能够提供优质蛋白和改善国民的膳食营养结构，而且在保护海洋生态、推动传统海洋渔业转型升级上具有战略意义。在实现"双碳"目标的过程中，海上风电作为清洁能源开发利用的关键途径，对改善我国能源结构具有重要意义。海洋牧场与海上风电融合发展能够提高海洋资源综合开发能力，是粤港澳大湾区海洋经济重点发展方向之一。

　　海洋牧场与海上风电作为强化海洋经济的重要领域，二者融合发展具有重要意义。一方面，海洋牧场和海上风电都是海洋经济的新实践。为应对近海渔业资源衰退的现象，海洋牧场在特定海域内人为建设生态养殖渔场，增加和恢复渔业资源，修复海域生态环境，是传统海洋捕捞渔业和水产养殖业在规模、技术、生态保护和可持续发展性等方面的优化升级。海上风电作为新能源产业的主要发展方向之一，是将海面上丰富且风向较为稳定的风力资源转化为电能的清洁发电方式，能够在不受到陆上发电土地资源限制和远离周围民居的选址约束的情况下，开发利用海洋资源，提高资源禀赋的利用效率。另一方面，海洋牧场和海上风电融合发展优势互补。融合发展作为海洋资源开发利用的现代化新型产业发展模式，能够综合利用风电桩基之间海域的水上和水下的空间，既有助于实现海上风电降本和海洋牧场增效，又能充分利用海上风电满足海洋牧场经营所需的用电需求。海洋牧场是集海洋工程、生态保护和科学养殖于一体的现代化新型农业，海上风电是将广阔海域上丰富的风能资源转化为电能的新能源产业，海洋牧场与海上风电的融合发展是现代化新型农业和新能源融合发展的重要模式之一，为探索实践海洋资源集约利用提供了有效途径，为实现海洋经济多元化高效发展提供了新思路。

# 第一节　海洋牧场与海上风电融合发展现状

国内海洋牧场与海上风电融合发展起步较晚，但近年来随着海洋经济多元化开发趋势的深化，国内逐渐涌现出了一些优秀案例。粤港澳大湾区海洋牧场与海上风电融合发展的产业链基本完善，未来发展海洋牧场与海上风电融合具有一定潜力。

## 一、海洋牧场与海上风电融合发展历程

### （一）全球海洋牧场与海上风电融合发展历程

国外在海洋牧场与海上风电以及风渔融合发展领域的实践研究起步较早，欧洲的德国、荷兰、比利时以及亚洲的韩国于 21 世纪初便开始进行海上风电与海洋牧场融合的试点研究活动，荷兰在北海风电场养殖海藻试验成功，比利时在海上风电场养殖贻贝试验成功，这都表明风渔融合的经济利益可观。

1. 全球海洋牧场发展历程

全球最早的海洋牧场起源于 18 世纪末，日本使用制作简易的人工鱼礁吸引鱼群聚集，后来英国、美国、芬兰、挪威和韩国逐渐开展增殖放流等海水养殖技术研究。21 世纪初至今，国外海洋牧场由单纯地追求经济效益慢慢转变为兼顾海洋资源养护和生态环境修复，成为生态化海洋牧场。

2. 全球海上风电发展历程

当前全球传统化石能源日渐枯竭，全球气候变化形势较为严峻。海上风电作为新能源产业之一，具有海上风能资源供应稳定和发电功率大的优势，全球多个国家都在大力推进。国外海上风电探索实践起步于欧洲，1991 年丹麦建成最早的海上风电项目，时至今日固定底桩海上风电是欧洲具有成本竞争优势的新能源产业之一，在北海和波罗的海周边分布着发展成熟、配套完善的海上风电产业供应链。2009 年，挪威研制出首个漂浮式海上风电机组。21 世纪初，欧洲各国建设兆瓦级商用海上风电场并成功实现电力输送；21 世纪 10 年代，国外海上风电装备开始向大型化方向发展。2022 年全球海上风电新增装机并网容量 880 万千瓦，同比

下降约58%（见图2-1）。主要原因是得益于2021年中国市场的风电抢装潮，当年全球新增海上风电装机容量80%来自中国（见图2-2），2022年，中国市场增速放缓导致全球海上风电新增容量有所回归。截至2021年底，中国海上风电累计装机容量在全球份额占比近一半（见图2-3），中山市风电装备制造企业明阳智能目前已处于全球风电制造龙头地位。

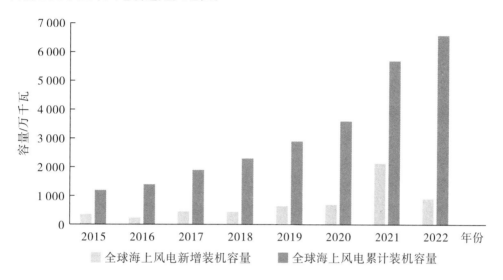

**图2-1 2015—2022年全球海上风电装机情况**

资料来源：GEWC。

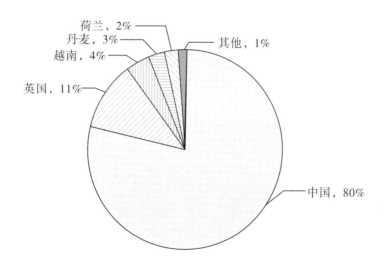

**图2-2 2021年全球海上风电新增装机容量分布**

资料来源：GEWC、前瞻产业研究院。

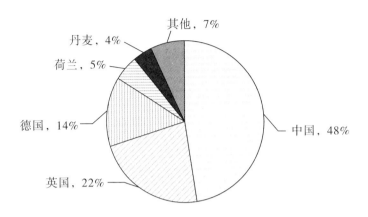

**图 2 - 3  2021 年全球海上风电累计装机容量分布**

资料来源：GEWC、前瞻产业研究院。

## （二）国内海洋牧场与海上风电融合发展历程

### 1. 国内其他地区风渔融合实践情况

自 2019 年以来，国内除了广东阳江、揭阳、汕头、江门和深圳等城市在探索建设海洋牧场与海上风电融合发展项目之外，山东潍坊、山东莱州、江苏射阳、福建平潭等地也在探索实践的不同阶段当中。中国近年来大力发展海洋经济，各沿海地区积极推动海洋牧场建设探索现代化海洋渔业模式。截至 2023 年底，中国共建成 169 个国家级海洋牧场示范区（见图 2 - 4），其中山东省 67 个，在数量上遥遥领先。广东省现有国家级海洋牧场示范区数量上在全国排名第四，拥有较好的发展基础。

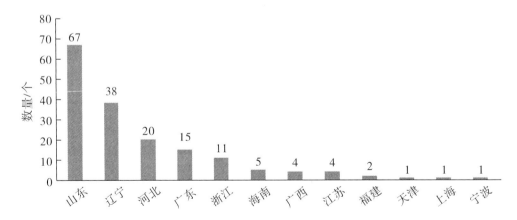

**图 2 - 4  国家级海洋牧场示范区地区分布情况**

资料来源：农业农村部。

2．国内海上风电基地分布情况

《"十四五"可再生能源发展规划》提到我国将在山东、长三角、福建、广东、广西等地开发建设千万千瓦级海上风电基地，推进重点项目集中连片开发，并推进深远海海上风电平价示范。2021年是国家补贴海上风电的最后一年，2022年新增装机数量骤减（见图2-5），平价时代到来，海上风电行业面临着一些挑战。中央补贴中断使得业内企业要通过规模化生产实现进一步降本增效，而这可能导致行业集中度进一步提高，也驱使海上风电行业通过与海洋牧场协同开发，利用海洋牧场的收益来补贴海上风电高昂成本。由于海上风电补贴政策，海上风电项目在多个地区获得政府和企业的青睐，补贴中断一定程度上会在短期内影响海上风电新增装机规模和增速，但随着国内能源结构转型大势所趋，海上风电规模仍将增长。

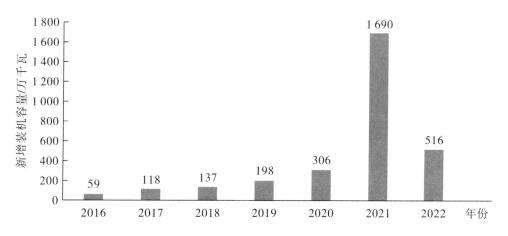

图2-5　2016—2022年中国海上风电新增装机容量

资料来源：国家能源局、前瞻产业研究院。

## 二、海洋牧场与海上风电融合发展现状

海洋牧场和海上风电目前已各自进入产业化的成熟发展阶段，虽然海洋牧场建设与海上风电开发利用都已取得一定的经济效益和环境效益，但全国范围内二者融合发展的案例并不多，目前还处于区域局部建设发展的阶段，尚未形成规模。

专栏 1　国内海洋牧场与海上风电融合开展情况

2019 年 3 月，山东潍坊昌邑海洋牧场与三峡能源共建的"海上风电＋海洋牧场"示范项目获得批准。

2019 年 12 月，广东阳江阳西青洲岛风电融合海域国家级海洋牧场示范区获得批准。

2021 年 8 月，中山市风电头部企业明阳智能在阳江沙扒海上风电场完成了国内首个"海上风电＋海洋牧场"融合示范项目的建设，并在 2022 年 1 月实现首次收鱼，标志着我国首个"海上风电＋海洋牧场"示范区实践成功。

2021 年 9 月，福建平潭"海上风电＋海洋牧场"融合发展试点探索，成功将装有育苗的金属网箱放入海上风电场海域。

2022 年，位于广东阳江南鹏岛海域的中广核国家级海洋牧场示范区获得批准，是阳江市风渔融合发展的又一项目。

2022 年 5 月，国家电投"新能源＋海洋牧场"融合创新示范基地开工仪式在广东揭阳举行。

2022 年 7 月，中国广核集团在山东莱州"海上风电＋海洋牧场"融合发展研究试验项目开工。

2022 年 11 月，龙源电力的漂浮式风电＋网箱养殖融合发展项目在福建莆田正式全面开工，为风渔融合发展领域提供了新的技术路径。

2023 年 2 月新成立的江门海洋集团初步布局涉及海上风电渔业的现代化海洋牧场全产业链。

2023 年 4 月，明阳智能"导管架风机＋网箱"风渔融合一体化装备在浙江舟山正式开工建造，并于 2023 年下半年在阳江青洲四海上风电场安装和投入运营。除此之外，新能源与工业设备巨头宁德时代、格力集团也布局切入风渔融合发展领域。

2023 年 5 月在江苏射阳海上风电场，国家能源集团大型"海上风电＋海洋牧场"融合发展项目开启了前期技术研究施工设计。

## （一）技术关联

海洋牧场与海上风电融合发展具备一定的技术关联。海洋牧场与海上风电融合发展是在集约用海目标导向下的一种综合开发海洋资源的发展模式，能够促进二者技术关联度提高，通过共用场域、共用结构、共同运维和生产周期耦合的方式，改善海洋牧场供电难题与水上空间开发不足的问题，降低海上风电运营维护成本与提高水下风机结构空间利用率，实现风渔融合同步高效产出清洁能源与海水产品。

1. 融合发展可以实现共用场域

融合发展能够实现空间结构的整合，海上风电主要是利用海面上方的风能进行发电，但单一的海上风电发展模式存在一系列问题，如海上风电桩基间隔距离较远，桩基构筑物和海底电缆用海面积不到整个风电场用海面积的10%，导致空间利用率低，海上风电风机机组距离海岸较远，电网运维成本高，电力输送过程损耗大、风电场渔业资源开发不足等，成为限制海上风电降本增效的发展瓶颈。海洋牧场的人工鱼礁、浮筏、网箱、围栏、水下环境监测等养殖设备通常利用海面及海面以下的水域空间，海面上方空间开发不足，现代化海洋牧场大型设备还存在供电不足等技术难题。海洋牧场与海上风电融合发展共用场域的发展模式，能够综合利用水上空间和水下空间，改善各产业的技术瓶颈制约和运维成本，提高海域空间资源的利用率。

2. 融合发展可以实现共用结构

融合发展能够实现功能的共享，海洋牧场与海上风电融合主要利用固定海上风机机组在水面以下桩基结构的稳定性，投放人工鱼礁、贝类与藻类延绳养殖结构和养殖网箱，为贝藻类生物提供附着基，吸引海洋野生生物栖息，再通过底播养殖、增殖放流等养殖技术实现渔业资源养护、海水产品增殖、关键物种保护和海洋生态环境修复等多重目标。此外，目前已出现漂浮式海上风机结合深水网箱养殖的新型融合模式。

3. 融合发展可以实现共同运维

海洋牧场与海上风电共用场域及结构的模式使得两种业态共同运维具有可行性，海洋牧场和海上风电都有定期检修与维护设备的需求，海上复杂的自然环境对运维技术要求较高，共同运维能够一定程度降低成本。此外，融合开发的模式为海洋牧场经济收益补贴覆盖海上风电运维成本提供了可能。

4. 融合发展能够实现风电和渔业生产周期耦合

海洋渔业生产高峰是春、夏、秋三季，海上风能发电高峰季节则是冬季，利用两种资源生产周期耦合能够实现海域周年生产。在渔业生产高峰季，通过海上电网将海上风电生产出的清洁电能用于海洋牧场平台电力供应，可保障海洋牧场养殖和环境监测设施的使用，从而增强海洋牧场抵御台风、赤潮、绿潮、高温和低氧等自然灾害的能力，进而提高海洋牧场的产量。在海上风能发电的高峰期，生产出的清洁电能则将并入区域电网，用于其他生产生活的需要。

## （二）市场规模与区域分布

当前粤港澳大湾区海洋牧场和海上风电两大产业均有布局，未来两大产业融合发展具有一定的潜力基础。

1. 海洋牧场建设规模与区域布局

广东省海洋牧场建设已形成规模，养护型国家级海洋牧场数量居全国第一。中国从 2015 年开始组织创建国家级海洋牧场示范区，截至 2023 年底，全国 169 个国家级海洋牧场示范区中广东省有 15 个（见表 2－1），粤港澳大湾区城市中珠海有 2 个，深圳和惠州各 1 个。阳江市 3 个国家级海洋牧场中有 2 个重点开发风渔融合项目；江门初步投资探索构建海洋牧场产业体系；台山海洋牧场（一期）正在建设中；广州南沙正在谋划建设华南现代化海洋牧场产业科技创新中心，为省内海洋牧场产业供应链提供综合服务。

表 2－1　广东省内国家级海洋牧场示范区概况

| 入选示范区年份 | 城市 | 名称 | 所占海域面积/公顷 |
| --- | --- | --- | --- |
| 2015 | 珠海 | 广东省万山海域国家级海洋牧场示范区 | 31 200 |
| 2015 | 汕尾 | 广东省龟龄岛东海域国家级海洋牧场示范区 | 2 028 |
| 2016 | 汕头 | 广东省南澳岛海域国家级海洋牧场示范区 | 3 000 |
| 2016 | 汕尾 | 广东省汕尾遮浪角西海域国家级海洋牧场示范区 | 2 100 |
| 2017 | 汕尾 | 广东省陆丰金厢南海域国家级海洋牧场示范区 | 3 200 |
| 2017 | 阳江 | 广东省阳江山外东海域国家级海洋牧场示范区 | 6 800 |
| 2017 | 茂名 | 广东省茂名市大放鸡岛海域国家级海洋牧场示范区 | 3 308 |
| 2017 | 湛江 | 广东省遂溪江洪海域国家级海洋牧场示范区 | 6 700 |
| 2018 | 湛江 | 广东省湛江市硇洲岛海域国家级海洋牧场示范区 | 438 |
| 2018 | 珠海 | 广东省珠海市外伶仃海域国家级海洋牧场示范区 | 983 |
| 2018 | 深圳 | 深圳市大鹏湾海域国家级海洋牧场示范区 | 748 |
| 2019 | 惠州 | 广东省惠州小星山海域国家级海洋牧场示范区 | 960 |
| 2019 | 阳江 | 广东省阳西青洲岛风电融合海域国家级海洋牧场示范区 | 49 730 |

（续上表）

| 入选示范区年份 | 城市 | 名称 | 所占海域面积/公顷 |
| --- | --- | --- | --- |
| 2019 | 湛江 | 广东省吴川博茂海域国家级海洋牧场示范区 | 1 940 |
| 2022 | 阳江 | 广东省阳江南鹏岛海域中广核国家级海洋牧场示范区 | 11 910 |

资料来源：农业农村部。

广东省海水养殖产量连续数年远超海洋捕捞产量，体现了广东省在渔业资源养护方面做出的不懈努力。2022 年，广东省海洋渔业增加值为 538.10 亿元，同比增长0.9%。图 2-6 统计了近年来广东省海洋捕捞和海水养殖的产量，2022 年广东省海水养殖产量 339.67 万吨，约占海水产品产量的 74%，同比增长 1.0%。

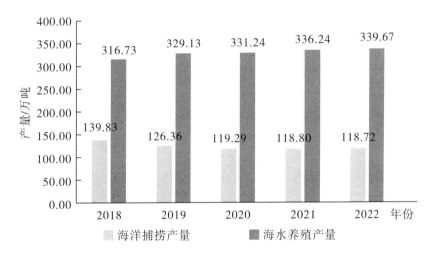

**图 2-6　2018—2022 年广东省海洋捕捞和海水养殖产量**
资料来源：《广东海洋经济发展报告（2023）》。

#### 2. 海上风机装机规模与区域分布

广东省正在快速推进海上风电装机，不断扩大海上风电产业规模。2021 年是海上风电享有国家补贴的最后一年，广东省加大海上风电抢装力度，装机容量同比增长538.2%。由于 2022 年风电行业正式进入平价时代，新增装机容量逐步放缓。图 2-7统计了近年来广东省累计建成投产海上风电装机容量。2022 年广东省新增海上风电装机容量 140 万千瓦，累计建成投产装机容量约 791 万千瓦，占全国海上风电装机容量的 26%，位于全国第二。年发电量约 157 亿千瓦时，同比增加 302.6%。

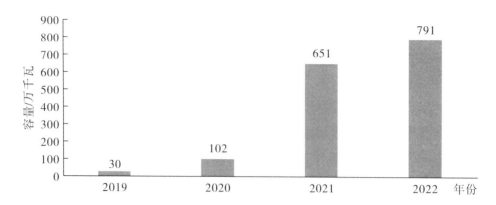

**图 2-7  2019—2022 年广东省累计建成投产海上风电装机容量**
资料来源：《广东海洋经济发展报告（2023）》。

广东省海上风电场选址大多分布在海洋资源发展丰富的粤东与粤西海域，大湾区海上风电场选址较少。根据《广东省能源发展"十四五"规划》，粤西的阳江、湛江，粤东的汕头、汕尾、揭阳以及大湾区的惠州、珠海等是广东省海上风电建设项目主要所在地。深圳正在探索"海上风电 + 现代渔业"融合发展业态，并积极参与汕尾红海湾海上风电项目的产业合作，2022 年深圳市提出开展市内海上风电产业发展思路、产业链梳理与选址布局前期研究。珠海与惠州正在扩大海上风电建设规模，江门目前处于海上风电场资源勘测选址阶段。

**专栏 2  广东省及粤港澳大湾区部分城市"十四五"期间海上风电规划**

> 广东省：提出一批位于阳江、汕尾、惠州、珠海、湛江、揭阳、汕头的海上风电重点工程，建设阳江海上风电全产业链，以及粤东海工、运维与配套组装基地。推动规模化、集中连片开发利用，在粤东、粤西打造千万千瓦级海上风电基地，建设海洋牧场综合开发示范工程。"十四五"时期规划海上风电新增装机容量约 1 700 万千瓦。
>
> 广州：发展海上风力机组配套装备产业，提升海上风电技术研发和运维水平，研究布局海上风电、海洋牧场工程等产业集聚区。
>
> 深圳：探索"海上风电 + 现代渔业"融合发展业态。积极参与汕尾市红海湾海上风电合作开发项目，开展风机基础、智能运维平台的研发与应用。
>
> 珠海：续建金湾、桂山二期海上风电总装机容量约 38.4 万千瓦，新建高栏海上风电项目总装机容量 100 万千瓦。力争到 2025 年海上风电装机规模达 155 万千瓦。
>
> 惠州：扩大海上风电建设规模，推进建设中广核港口海上风电项目与近海深水区风电场资源调查和勘察等前期工作，"十四五"期间新增海上风电装机容量约 100 万千瓦。
>
> 江门：开展海上风电场资源勘测与场址储备等前期工作。

广东省海上风电项目逐渐迈向深远海海域，《广东省 2023 年海上风电项目竞争配置工作方案》中，共提出 30 个项目（见表 2－2），总计装机容量 2 300 万千瓦，其中粤港澳大湾区的江门和珠海各有 2 个项目，装机容量共 180 万千瓦；方案中位于国管海域的项目 15 个，标志着广东省海上风电开发项目正从近海海域迈向深远海海域。

表 2－2　广东省 2023 年海上风电竞争配置工作方案

| 城市 | 省管海域 | | | | | 国管海域 | | | |
|---|---|---|---|---|---|---|---|---|---|
| | 湛江 | 阳江 | 江门 | 珠海 | 汕尾 | 汕头 | 汕尾 | 揭阳 | 潮州 |
| 项目数/个 | 2 | 6 | 2 | 2 | 3 | 5 | 4 | 3 | 3 |
| 装机容量/万千瓦 | 70 | 300 | 80 | 100 | 150 | 500 | 400 | 400 | 300 |
| 总计装机容量/万千瓦 | 700 | | | | | 1 600 | | | |

资料来源：《广东省 2023 年海上风电项目竞争配置工作方案》。

综合上述产业现状，粤港澳大湾区在海洋牧场和海上风电方面皆有一定建设，融合发展潜力大。大湾区城市珠海和惠州在海洋牧场与海上风电两种业态上均形成了一定规模的项目布局，具备探索风渔融合发展的海域资源优势和产业潜力，但两座城市现有海洋牧场与海上风电项目尚未形成产业融合发展业态。江门市在海洋牧场与海上风电融合发展领域尚处于起步阶段。广州市拥有广东省海上风电大数据中心，具备风电安装平台研发能力，主要为海洋牧场提供产业供应链上下游综合服务，《广州市海洋经济发展"十四五"规划》提及加大海上风电技术研发，但广州市内尚未布局海洋牧场和海上风电的开发项目。深圳市内拥有国家级海洋牧场示范区，在海洋牧场上游装备制造业具备较大优势，但海上风电还在前期研究阶段，《深圳市海洋经济发展"十四五"规划》提出探索推进"海上风电＋现代渔业"融合发展业态。

广东省唯一成功实践海洋牧场与海上风电融合发展并完成收鱼的城市是阳江，为大湾区城市探索风渔融合提供了邻近的先进案例。作为粤港澳大湾区往西延伸的第一座滨海城市，阳江发展海洋牧场与海上风电融合的实践在全国范围内遥遥领先。阳江地处广东省西南部沿海地区，拥有 470.2 千米的海岸线、1.23 万平方千米的海域面积、30 个主要岛屿，得天独厚的丰富海洋资源赋予其发展潜力。阳江将打造世界级风电产业基地，将海上风电培育成支柱产业，目前阳江已形成全国范围内产业链最完整的风电装备制造业产业集群。

此外，粤东地区的揭阳市神泉海域也为粤港澳大湾区风渔融合探索提供了参考案例，神泉海域于 2022 年 5 月举行了 "新能源 + 海洋牧场" 融合创新示范基地开工仪式，2023 年 4 月实现在海上升压站下方开展浮筏养殖，2023 年 8 月在海上风电桩基下方设置人工鱼礁和养殖网箱。

### （三）产业链布局与合作水平

现代化海洋牧场产业链涵盖了上游的海洋水产种业、养殖海洋工程装备制造业，中游的海水养殖，以及下游的海洋水产品加工、冷链物流与海产品交易。海上风电产业链主要包括海上风电机组装备制造、施工安装、海上风电场运维以及海上风电专业服务业。

#### 1. 海洋牧场产业链布局

在海洋水产种业领域，粤港澳大湾区发展较快的城市有广州、深圳、江门、惠州和珠海。广州南沙正在积极创建国家级水产种业产业园，海洋牧场岸基种苗繁育与种质资源保护基地 2023 年在南沙揭牌。深圳市也推进建设现代渔业种业创新基地，未来将养殖生产海洋名贵经济鱼类。江门初步构建海洋牧场种苗培育产业。惠州、珠海和粤东地区的潮州，粤西地区的湛江、阳江等地布局水产良种场，并建设深远海养殖鱼类遗传育种中心，为省内海洋牧场选育深远海养殖鱼类良种与培育优质抗逆新品种。其中，湛江拥有国家 863 计划项目海水养殖种子工程南方基地；阳江市阳西县正在打造全省最大的海水鱼苗种业生产孵化基地。

在养殖海洋工程装备制造业领域，作为全国最先研制推广应用国产深水网箱的省份，广东省逐渐淘汰和减少一批传统的筏式、吊笼和传统网箱养殖等海洋养殖设备，将升级改造深海大型养殖设备——重力式深水网箱装备、桁架式大型养殖装备和大型养殖工船——作为重点发展方向。在粤港澳大湾区，广州、深圳、珠海和江门已布局现代化海洋牧场大型养殖装备制造业。位于南沙造船基地的广船国际为海南建造的两艘海洋牧场养殖平台目前已经移交投产。深圳正在推进建设 4 艘 10 万吨级的大型智能化养殖工船，预计年产量可达 2.2 万吨。珠海目前拥有 3 座深海智能养殖平台，未来 2 年内将新增 9 座智能养殖平台，并建造 2 艘大型养殖工船，致力于发展壮大深远海养殖。江门首个半潜桁架式养殖平台于 2023 年开工。

在中游海水养殖领域，粤港澳大湾区滨海城市均有布局，然而近海资源约束日益趋紧，以海洋牧场为代表的现代化海水养殖由传统近岸浅水养殖向深远海转移是必然趋势。粤港澳大湾区城市中，珠海在建设现代化海洋牧场、开展深远海养殖方面走在前列。珠海加快推进深海养殖区、渔港经济区、渔光互补区、国家级海洋牧场"三区一场"建设，截至2023年底，已经建成3座深海智能养殖平台，拥有60~90米周长重力式深水网箱190个，达26.2万立方米水体。深圳正在加快构建以"大型智能网箱＋深海养殖工船＋养殖平台"为主体的深远海海水养殖新模式。江门、惠州也正大力推进重力式深水网箱投放与桁架式养殖平台项目，逐步推动海水养殖走向深远海。

在下游加工运输和交易领域，由于海洋水产品有较高的保鲜需求，对加工厂、冷链和交易都有时间和距离上的要求，从鱼被捕上岸到交易过程已经出现海产品加工、冷链仓储物流和海产品交易等产业一体化发展趋势。具体来看，《广东省推进冷链物流高质量发展"十四五"实施方案》中提到，支持广州、深圳、汕头、江门、湛江、茂名建设国家骨干冷链物流基地，鼓励优势水产产区和集散地广州、珠海、汕头、佛山、江门、湛江等构建辐射全国乃至世界的冷链物流网络。在新建的大型海产品交易市场方面，珠海拥有粤港澳大湾区海产品交易中心，阳江拥有粤西水产交易市场，有力促进海洋牧场产业链向下游延伸。

2. 海上风电产业链布局

在海上风电装备制造业领域，中山和佛山拥有龙头企业。海上风电装备包含风机组、电气装备、工程施工装备以及其他特种装备，零部件主要包括主机、叶片、齿轮箱、电力设备和钢架结构等部分。粤港澳大湾区在海洋工程装备制造领域有较好的产业基础，拥有中山市的明阳智能、佛山市的顺特电气和省属国企广东水电二局股份有限公司（粤水电）等龙头企业。中山市的明阳智能在2022年中国海上风电整机制造市场排名前三，与上海电气风电、重庆中国海装（现更名为中船海装）合计占75%的市场份额。明阳智能作为风电装备全球龙头，具备自主设计制造主机、叶片、齿轮箱、发电机和三大电控系统各项业务。

在施工安装专用船舶与海洋工程施工领域，粤港澳大湾区有较好的产业与技术基础，中山市的华尔辰和佛山市的广东精铟海洋拥有海上风电施工专用船舶，工程施工企业有深圳招商重工、中交四航局和广州打捞局。

在海上风电场运维领域，为抵御海上复杂自然环境带来的影响，需要对海上风电机组、升压站、塔筒、桩基和海缆等风电设备进行预防性维护、故障维修和定期检查等工作。海上风电运维对技术要求较高，运维包括相关船舶、运维机械工具、储能装备等以及电网并网配售。省内海上风电项目运营商主要是华能、华电、大唐、三峡、国家电投五大发电集团和南方电网综合能源有限公司、中核、中广核等。

在海上风电专业服务业领域，广州和佛山经验较为丰富。在海上风电场勘察设计方面，作为海上风电国家标准《海上风力发电场设计标准》的第一主编单位，中国能源建设集团广东省电力设计研究院有限公司在业界具有一定权威。在海洋地质勘查领域，广州地质调查局和国家海洋局南海调查技术中心经验丰富。广州南沙粤科港航与佛山的广东精铟海洋开展了海上风电融资租赁业务，位于广州的广东省海上风电大数据中心负责采集全省海上风电数据。

3. 海洋牧场与海上风电融合发展对产业链合作水平要求较高

海洋牧场与海上风电项目从前期的资源环境勘测、技术方案设计、项目工程可行性调查分析、项目用海申报、招投标投资对接到中期的装备制造施工安装再到建成投产后的项目运营，需要跨产业跨部门跨区域调动诸多技术、资金、产业链供应链支持，对于产业链合作水平要求极高。结合前述海洋牧场与海上风电产业布局情况，粤港澳大湾区主要负责技术服务支持、大型装备制造、施工安装专用船舶运输、海洋工程施工等环节。粤东、粤西沿海城市在种业、海洋养殖业、海产品加工和冷链运输产业等领域发展较为完善。海上风电属于海洋新能源新兴领域，整体技术难度与投入资金较大，粤港澳大湾区与粤东、粤西沿海城市在海上风电产业方面具有一定合作基础。

## 第二节　海洋牧场与海上风电融合发展现存问题

海洋牧场和海上风电是两种不同的海洋资源利用方式，二者融合发展有助于提高海洋经济的综合效益，并为可持续发展提供更多可能。然而，在实践中，粤港澳大湾区海洋牧场和海上风电融合发展也面临一些实际问题。

### 一、管理协调机制有待探索

海洋牧场和海上风电项目建成投产后，涉及一系列经营运维方面的协调管理，以及海洋资源的合理利用保护和海上风电的安全运行。但海洋牧场与海上风电融合发展刚起步，协同管理机制还不成熟，需要探索高效合理的管理和协调机制来实现更大的经济效益与生态效益。在海洋牧场运维管理方面，海洋牧场生产经营过程不光需要通过维护养殖设备、科学研究养殖密度、定时定量人工投饵、监测养殖物种生产情况来确保经济收益，还需要对养殖海域进行生态环境监测、修复海底生境、保持增殖群体与野生种群达成生态结构平衡来实现生态收益。在海上风机运维管理方面，需要对海上风电机组、升压站、塔筒、桩基和海缆等装备进行定期监测，及时了解风机运行状态和故障信息，确保风机的正常运行和生产发电，受海上天气与潮水影响，机组故障如若不能及时进行处理容易造成损失。当前风电场运维市场上专用维护船舶供应较少，直升机运维成本高昂且尚未普及。两种产业均有海域实地定期监测和运维的需求，需要结合具体生产实践探索协调专业船舶等交通工具的使用。此外，海洋牧场与海上风电生产周期耦合的发展模式，需要在渔业生产高峰期协调海上风电为海洋牧场进行设备电力供应。总之，在产业融合发展过程中，需要协调多个部门和环节，建立紧密的沟通和协作机制，完善运维管理体制，降低成本，实现融合发展的经济效益最大化。

## 二、融合发展存在技术壁垒

海洋牧场与海上风电融合发展属于技术密集型产业，产业链诸多环节具有较高的技术壁垒，且大型装备投入使用有寿命要求，抵御各种复杂海洋环境考验需要较高的运行稳定性和质量保证，诸多因素对前期研究、装备制造商和运营商的技术水平及综合实力提出了较高的要求。

### （一）　海上风电项目初期可行性分析研究

风渔融合发展项目初期需要出具可行性分析报告，判断海上风电设施在施工安装时和安装完毕后对该片海域生态环境的影响，以及是否适合培育繁殖海水产品。其一，风电设施对水动力环境、地形地貌与冲淤环境、海水水质环境、沉积物环境，以及水下噪声及电磁辐射生态等海域生态环境的影响研究。其二，风电项目对航道、航路、锚地、周边海上风电场、测风塔工程、周边养殖项目、人工鱼礁工程、领海基点、水下文物保护区等海域开发活动的影响研究。其三，风电项目对海洋空间资源、岸线资源、资源损耗和鸟类等海域资源的影响研究。其四，风电项目对潜在的环境风险如船舶溢油事故和自然灾害，如台风、雷击、风暴潮的分析研究。其五，风电项目对用海海域通航交通环境以及船舶通信信号等通航环境的影响研究。综上所述，海上风电项目可行性分析报告不仅需将风电设施对海域可能造成的多方面影响调查进行专业性极强的深入分析，还需要对整个项目的基本情况和施工方案等进行严密的论证，确保海洋资源的可持续利用、生态环境的健康与项目建成后的稳定运营。这一过程涉及工程、船运、海洋生物、养殖渔业、海洋地质、海洋水文、自然灾害、航道测量、通信等较多专业的知识，技术壁垒很高。

## （二） 海洋优势物种筛选

海洋牧场与海上风电融合发展需要筛选出适宜在海上风电场生存繁育的优势物种，来提高海洋牧场的产量和经济收益。根据已有研究，海洋牧场和海上风电适合养殖的鱼类是卵形鲳鲹（金鲳鱼）、军曹鱼（海鲡）和双棘原黄姑鱼（金鮸），以及一些藻类贝类和海参等。不同种苗的饲养要求和生长周期不一样，融合发展在种苗和繁育养殖技术上也具有一定技术壁垒。

## （三） 海域环境勘测与选址

海洋牧场与海上风电单独开发项目均需要对合适的海域进行环境资源勘测和科学选址，海洋牧场选址需要对海域的洋流场、水深地形、海底地貌、海底浅地层结构、渔业资源等进行探测调研，寻找渔业资源丰富和适宜开发建设海洋牧场的海域。海上风电场选址需要在前期阶段与当地气象站合作，评估分析海域风资源以及电网、航路交通、洋流水动力、海底地形地貌地质、海洋水质等，进而确认风机机位在海域的分布，协调满足其他海洋开发活动各方的利益要求。海洋牧场与海上风电融合发展项目对海域环境前期勘测选址要求更为严格，融合发展的海域选址要求有良好的渔业资源和风能资源，以及适宜开发的海底地形地貌与洋流，同时需要综合评估以及考虑对海洋航运航道和通信的影响，这一环节也有较高的技术壁垒。

## （四） 装备制造技术

除了大量专业的前期研究工作之外，海洋牧场与海上风电融合发展对于装备制造技术壁垒极高。目前海洋牧场发展趋势是走向深远海，逐步淘汰减少传统制造难度较低的筏式、吊笼和传统网箱养殖等海洋养殖设备，实现重力式深水网箱装备、桁架式大型养殖装备和大型养殖工船等装备大型化、高端化和智能化。海上风电制造中的主机、叶片、齿轮箱、塔筒、管桩、钢构、发电机、电控系统等部件均属于重工业产品，以及海洋牧场与海上风电融合发展中共用结构的业态模式，对于装备创新设计能力与制造有着更高的技术要求。

### （五）　施工安装技术

施工安装过程需要设施高度精密的安装专用船舶，将起重设备、定位设备、安装设备工具与装备基础运输至项目海域进行打桩施工安装作业。伴随着海洋牧场与海上风电开发逐渐进入深远海领域，以及融合发展一体化设备结构的制造投产，复杂的海洋环境给项目施工安装带来了更高的技术挑战。

### （六）　生产经营与运维技术

融合发展模式也对海洋牧场的生产经营和海上风电场的运维管理提出了更高的技术要求，海洋牧场的经营方与海上风电的运营方在一定程度上需要了解双方领域，提高对融合发展的认知水平，耦合各自的生产周期，以期实现降本增效和融合发展利益最大化，海洋牧场与海上风电生产运营活动中的环境监测和设备控制有一定的技术壁垒。

## 三、融合发展存在市场壁垒

除了技术壁垒以外，海洋牧场与海上风电融合发展存在的市场壁垒，在一定程度上也会限制融合发展的规模增速。

### （一）　品牌壁垒

海洋牧场与海上风电融合发展的品牌壁垒主要存在于海上风电，海上风电项目的运营商主要是取得海上风电场投资建设资格的大型国有发电集团，一般会通过招投标选择海上风电风机制造商。由于海上风电机组在海域复杂环境下长期运行，要有高度的可靠性和稳定性，所以发电集团对风机制造商的产品技术、过往经验、成功案例和服务水平等综合实力较为看重。发放招标文件之前，发电集团会对参与投标的企业在承包资质、制造能力、公司业绩与财务情况、产品质量以及信誉等方面进行审查，形成了较高的品牌壁垒。品牌声誉高、综合实力强的企业具有显著优势，新进入和品牌影响力小的企业容易遭到淘汰。

## （二） 国家标准认证壁垒

海洋牧场与海上风电均有相关的国家标准，新进入的企业在核心技术攻关和通过检测认证方面要花费更久的时间，造成一定市场进入壁垒。2021 年农业农村部发布的《海洋牧场建设技术指南》国家标准，对海洋牧场建设在选址规划与具体布局、生态环境营造、增殖放流技术、装备制造、工程验收等方面给出了指导意见。海上风电相关国家、行业标准自 2010 年来出台了 30 余项，2019 年《海上风力发电场设计标准》（国家标准）主要内容涵盖基础资料，风能资源，电力系统，总体设计，电气，整体方案设计，风电机组造型、布置及发电量计算，建筑与结构，信息系统，给排水，供暖、通风和空气调节，辅助及附属设施，施工组织设计，消防与救生，环境保护与水土保持，劳动安全与工业卫生等方面，招投标活动中也会明确要求采购的产品设备获得国家标准认证。

## （三） 资金壁垒

海洋牧场与海上风电的装备制造业属于资本密集型行业，初期固定资产投入较大，在生产制造过程中原材料需要大量资金，海上风电整机销售过程中回款周期较长，使得制造商需要较多的流动资金防范经营风险。此外，海洋牧场和海上风电设施的施工安装与运维成本较高，对于资金实力不强的运营企业来说具有一定资金壁垒。

## 四、产业融合发展起步较晚

广东省现有海洋牧场与海上风电融合发展落地项目分布在海洋资源丰富的粤东、粤西地区，粤港澳大湾区沿海城市目前只有江门在投资布局海洋牧场与海上风电融合发展产业链上有实际进展。2023 年江门海洋集团成立，参与建设台山海洋牧场（一期），并与央企联合参与广东省 2023 海上风电项目竞配，计划建设渔业、海工装备、海洋种苗等重点产业项目，预计项目总体投资金额 25 亿元。珠海与惠州虽有较好的发展潜力但并未起步。深圳市海洋牧场与海上风电融合发展尚处于前期谋划研究阶段。广州、深圳、珠海、佛山等大湾区城市在海洋工程装备制造业有较好的产业优势，还需要进一步加强资源规划与完善产业链环节，推动大湾区海洋牧场和海上风电融合发展的规模化、产业化步伐。

## 五、用海要素供给保障压力大

与早期海洋资源开发利用的低水平粗放型模式不同，海洋牧场与海上风电融合发展是建立在集约节约用海的要求之上。2023 年 6 月，自然资源部发布了《关于进一步做好用地用海要素保障的通知》，强调严守资源安全的底线。海洋牧场与海上风电融合发展项目不仅涉及对集中连片开发海域的使用论证评审，还需要经过海底电缆管道路由调查勘测、铺设施工和项目用海审查。一方面，多年来大湾区近海海域存在大量开发的现象；另一方面，在推动大湾区海洋经济高质量发展过程中，大湾区面临着不断加大的用海要素需求，以及对海洋开发活动的质量要求逐渐提高的挑战。海洋产业融合开发节约集约用海标准不断提高，用海要素供给方面承受一定压力。

## 第三节　海洋牧场与海上风电融合发展的机遇与挑战

粤港澳大湾区在海洋牧场与海上风电融合发展中面临着诸多机遇和挑战。机遇方面，大湾区拥有充足的人才储备，在大型工程装备制造业和海洋工程施工领域具备供应链优势，拥有海上风电业内知名集团，产业链各环节较为完善，为海洋牧场与海上风电融合发展提供了坚实支撑。挑战方面，大湾区部分沿海城市海域条件受限，粤东、粤西沿海城市给大湾区带来竞争挑战，大湾区发展风渔融合需要进一步加强产业链合作水平。

## 一、机遇

### （一）高校众多，科研人才储备充足

粤港澳大湾区高校众多，能为融合发展供应充足的人才。海洋牧场与海上风电融合发展主要的壁垒是技术壁垒，不论是前期勘测选址与工程设计、中期装备制造与施工安装，还是后期的经营运维，对于科研能力、工程技术和专业人才的要求都有很高的门槛。大湾区科研底蕴基础深厚，拥有华南理工大学、中山大学、暨南大学等众多高校以及一系列高水平科研机构，吸引广大专业人才集聚，有强劲的科研技术综合实力和人才储备来支撑粤港澳大湾区在海洋牧场与海上风电融合发展领域的技术攻关和长期发展。

### （二）拥有大型工程装备制造与海洋工程施工基础

粤港澳大湾区城市工业制造业基础较好，在海洋工程装备、风力发电装备、船舶制造、新型养殖装备制造方面具有供应链优势。具体来看，广州、深圳、珠海、江门、中山和佛山等城市在海洋牧场与海上风电相关大型装备制造领域拥有一定市场地位。广州拥有具备现代化海洋牧场养殖平台制造能力的龙头企业广船国际，具备海上风电风机塔筒与管桩制造能力的粤水电，具备海洋工程施工能力的广州打捞局；深圳具备现代海洋牧场养殖工船大型化智能化制造能力，拥有具备制造海上风电风机钢构和承包海洋工程施工能力的招商重工；珠海在深远海养殖装备上走在前列，近年来智能养殖平台制造数量快速增加，并具备大型养殖工船制造能力，以及拥有包括珠江钢管、珠海海重和中铁武桥重工在内的多家海上风电风机钢构制造企业；江门也具备了生产制造现代化海洋牧场半潜桁架式养殖平台的技术和工程制造能力；中山的明阳智能目前已发展成为全球风电制造龙头企业，具备自主设计制造风机整机的能力；佛山的华尔辰能够供应海上风电施工专用船舶，顺特电气能够参与海上风电制造产业链，广东精铟海洋拥有海上风电施工专用船舶。

### （三）拥有海上风电业内知名集团

海上风电业龙头企业持续发挥"领头雁"作用，形成示范效应。海洋牧场与

海上风电融合发展尤其是海上风电行业存在很高的品牌壁垒，一般来说，取得海上风电场投资建设资格的大型国有发电集团通常会通过招投标选择实力过硬、经验丰富的海上风电风机制造商，以保证风电场运营过程的稳定性和可靠性。粤港澳大湾区拥有明阳智能与中广核等知名集团，相比于其他小企业，知名集团的经验丰富和综合实力雄厚，品牌声誉较高，不论是项目申报与招投标流程推进还是后续项目环节落地都具有较大优势。

### （四）产业链各环节较为完善

从粤港澳大湾区整体来看，海洋牧场与海上风电融合发展产业链基本完善，不仅拥有从上游海水种业到下游加工运输的海洋牧场产业链主要环节，也拥有从装备制造到后期运维的海上风电产业链各环节。在配套产业方面，不论是海域勘测调查研究、融资租赁等专业服务业还是智慧化运营数据采集处理，粤港澳大湾区均可为海洋牧场与海上风电融合发展提供坚实的支撑。

## 二、挑战

### （一）部分沿海城市海域条件受限

由于粤港澳大湾区自身地理禀赋和多年来海洋资源的高强度开发，以及发展海洋牧场与海上风电项目对于海域选址要求严格，大湾区部分沿海城市直接发展风渔融合缺乏合适的海域条件。以广州为例，广州现有海域面积399.92平方千米，大陆海岸线209.9千米，已划定港口航运区、旅游休闲娱乐区、海洋保护区和保留区4类海洋基本功能区，暂缺水产养殖区。在《广州市养殖水域滩涂规划（2019—2030年）》中，珠江口海域的港口、锚地、航道、通航密集区等区域划为禁养区，明确禁止从事经营性水产养殖活动。因此，由于缺乏大型深远海养殖设备和海上风电装备布设的海域条件，广州市难以直接开展海洋牧场与海上风电融合发展。对于没有条件直接发展风渔融合项目的城市来说，则需要进一步找准在产业链中的定位，发挥优势领域，开展高质量的产业协作，助力粤港澳大湾区海洋牧场与海上风电融合发展。

## （二）与粤东粤西沿海城市合作与竞争并存

粤东、粤西地区在融合发展方面经验丰富，既为其自身与粤港澳大湾区发展合作奠定了基础，也给大湾区发展风渔融合带来一定的竞争挑战。虽然粤港澳大湾区区域内拥有较为完善的产业供应链，但具体到发展海洋牧场与海上风电的项目上，还需要跨区域产业链供应链协作。粤港澳大湾区与粤东、粤西地区具有相当程度的合作基础，大湾区能够为粤东、粤西地区项目提供大型装备制造、施工安装专用船舶运输、海洋工程施工等技术服务支持；粤东和粤西沿海城市则实践经验丰富，更有竞争力和发展优势。

# 第四节　国内典型案例分析与经验借鉴

在探索海洋牧场与海上风电融合发展的实践上，广东的阳江、揭阳，山东的潍坊、莱州等地起步较早，在项目建设方案和技术创新上有着较为丰富的经验，对于粤港澳大湾区城市推进相关产业融合发展有一定的借鉴意义。

## 一、广东阳江海洋牧场与海上风电融合发展案例

阳江市在全国海洋牧场与海上风电融合发展领域处于前沿阵地，尤其是海上风电产业先发优势明显。为推动海洋牧场与海上风电融合发展项目落地，阳江市农业农村局与三峡新能源、中广核、明阳智能、华电福新、广东大百汇海洋科技集团、中国水产科学研究院南海水产研究所、阳江海纳水产有限公司等不同领域多个单位签订了战略合作框架协议。

### （一）三峡阳江沙扒海洋牧场与海上风电融合发展

三峡阳江沙扒海洋牧场与海上风电融合发展项目位于阳江市阳西县沙扒镇南面海域，由三峡新能源投资建设，总投资约 350 亿元，总装机容量 170 万千瓦，共布置 269 台海上风电机组，配备 3 座海上升压站。该项目为国内首个百万千瓦级海上风电场，安装使用全球首台抗台风型漂浮式海上风电机组。项目投运后每年可输送清洁电能约 47 亿千瓦时，减排二氧化碳约 400 万吨。

## （二）　华电阳江青洲三海洋牧场与海上风电融合发展

华电阳江青洲三海洋牧场与海上风电融合发展项目位于沙扒镇附近海域，场域面积约 81 平方千米，装机容量 500 兆瓦，布置 37 台单机容量 6.8 兆瓦风机和 30 台单机容量 8.3 兆瓦风机，建设一座 220 千伏、容量 500 兆瓦的海上升压站，海上风机组发出的电能通过 17 回 35 千伏集电海底电缆接入 220 千伏海上升压站，升压后再通过 2 回 220 千伏海底电缆接入陆上集控中心。为将海上风电和海洋牧场创新性融合在一起，华电福新在技术创新层面设计了融合方案，在空间融合上，利用海上风电场电子围栏和远程监控系统，对海洋牧场区域划定警戒区屏障；在结构融合上，打造风机与人工鱼礁融合构型，在风机基础的周围为海洋牧场养殖装备预留固泊支撑、挂件、循环与通信系统、电力设备和网箱立体；在功能融合上，海上风电场为海洋牧场提供智慧数字化运维系统，包括气象水文预报、海洋牧场可视化监控等。项目每年可输送清洁电能约 15.5 亿千瓦时，相当于节约标准煤 47.8 万吨，减少二氧化碳排放 127 万吨、烟尘 48.52 吨。

## （三）　明阳阳江青洲四海洋牧场与海上风电融合发展

明阳阳江青洲四海上风电场项目位于沙扒镇附近海域，装机总容量为 500 兆瓦，布置 43 台共两种机型的固定机组和 1 台 16.6 兆瓦的漂浮式机组。项目建成投产后，每年可提供清洁电量约 18.3 亿千瓦时，相当于节约 57 万吨标准煤，减排二氧化硫 1.1 万吨，减排二氧化碳 140 万吨。在融合发展方面，项目拟采用导管架与养殖网箱结合的结构融合一体化装备，并配套风电制氢项目，实现海上风电、海洋牧场与海水制氢三产融合开发海洋资源。

## （四）　中广核南鹏岛海洋牧场与海上风电融合发展

中广核南鹏岛海洋牧场与海上风电融合发展项目位于阳江市南鹏岛东南部海域，场域面积 119.1 平方千米。项目基于海上风电场海域投放人工鱼礁，开展桩基网箱养殖、贝类底播和智慧化观测运维。此外，项目还规划建设休闲海钓平台，利用海上升压站平台和 73 个海上风电风机桩基平台安装搭建安全护栏与抵御风浪的简易房屋，既能对已建成的海洋牧场进行规范化管理维护，确保海洋牧场正常生产，又能开展海上应急救助，同时，在做好海洋牧场管理维护的基础上，后续可以同步开发海上垂钓、潜水、观光体验等海洋旅游融合发展业态。

## 二、广东揭阳海洋牧场与海上风电融合发展案例

揭阳神泉海洋牧场与海上风电项目由国家电投广东公司投资建设，神泉一（一期）315 兆瓦海上风电场项目共布置 53 台海上风力发电机，年输送清洁电量可达 10 亿千瓦时，相当于每年节省标煤消耗 29.6 万吨，减少二氧化碳排放 78 万吨，能够带动当地产值 8.4 亿元。此外，揭阳神泉一（二期）和神泉二海上风电场项目正在加紧开发，揭阳神泉二海上风电项目将由 350 兆瓦增容至 502 兆瓦，揭阳靖海海上风电项目将由 150 兆瓦增容至 400 兆瓦。国家电投广东公司提供的数据显示，揭阳上述三个海上风电项目建成之后，每年可为电网输送清洁电能超过 34 亿千瓦时，相当于每年节省标煤消耗超过 102 万吨，减少二氧化碳排放量超过 274 万吨。

值得一提的是，神泉二项目采用 66 千伏集电海缆接入海上升压站方案，可以实现载电流量更大、输电过程损耗更小的目标。该项目还采用了多个国内自主研发的机组装备与电力监控系统。如明阳智能完全独立自主研发的低速比齿轮箱与中速永磁发电机结合的传动系统的抗台风型半直驱风电机组，能够利用光储一体化系统作为后备电源辅助系统。除此之外，神泉二项目采用的是上海电气 11 兆瓦风力发电机组，该机组为上海电气自主开发，应用了先进直驱大型永磁发电机技术、102 米长的碳玻复合材料叶片设计技术、智慧风场与风机大数据智能控制技术、高可靠性的模块化电气系统等。海洋牧场则借助海上风电机组桩基和海上升压站投放人工鱼礁，培育优质牡蛎、鲍鱼和马尾藻等海产品。

## 三、山东潍坊昌邑海洋牧场与海上风电融合发展案例

山东省潍坊市昌邑市北部海域的海上风电项目由三峡新能源集团投资建设，总投资约 36 亿元，规划装机容量为 300 兆瓦，安装 50 台单机容量 6.0 兆瓦的风电机组，配备一座 220 千伏海上升压站。项目建成投运年发电量约 9.4 亿千瓦时，与发电量相同的传统火煤发电相比每年可节约标煤约 29 万吨，减排二氧化碳 79 万吨。项目前期在场域海底投放 2 套观测设备，收集观测数据，定制人工鱼礁投放方

案。海洋牧场主要通过在海上风电桩基周围 50 米内投放产卵礁、集鱼礁、海珍品礁等兼顾集鱼增殖和巩固风机基础。

## 四、山东莱州海洋牧场与海上风电融合发展案例

案例位于山东省莱州市土山镇北部芙蓉岛西侧国家级海洋牧场示范区。海上风电项目由中广核新能源与山东诚源集团共同投资建设，涉及海域面积 48 平方千米，总投资约 30 亿元，规划装机容量 304 兆瓦，共建设 38 台单机容量 8.0 兆瓦风力发电机组，配套建设一座 220 千伏陆上升压站。风机组发电经海底电缆登陆，通过 4 回 66 千伏架空线路接入 220 千伏陆上升压站，经变压器升压以 1 回 220 千伏架空线路送至莱州市变电站并入电网。项目建成投运能实现年发电量 10 亿千瓦时，相当于每年节约标煤约 30 万吨，相应可减少二氧化碳排放 78 万吨、二氧化硫排放约 5 700 吨、氮氧化物排放量约 8 500 吨。海洋牧场以深远海深水网箱模式为主，休闲海钓为辅。在项目施工建设过程中，烟台市、莱州市各级政府部门与建设单位积极统筹各类资源，及时解决项目施工过程中的诸多难题。

# 第五节　海洋牧场与海上风电融合发展的重点领域

随着海洋牧场养殖装备向机械化、信息化、智能化方向转型升级，海上风电装备制造愈加需要掌握自主研发的核心关键技术，在能效提升和远程智能控制技术方面不断加强，以及在融合发展方案设计上不断创新。海洋牧场与海上风电融合发展的重点领域主要集中在以下几个方面。

## 一、海洋牧场养殖装备改造升级

为推进海洋牧场养殖装备更适应于深远海域的发展环境，需要从以下几个方面进行升级改造：

### （一）聚焦养殖装备机械化升级

针对传统养殖装备设计简易、机械化水平低、效率低，不能适应深远海域海

洋牧场使用的情况，海洋牧场养殖装备需要进行机械化升级。通过提高养殖装备总体设计的科技含量，研制出大型养殖网箱、多功能高性能的养殖辅助工船和养殖管理平台，以及高效运行的投饵装备和监测设施等，着力提高深远海域海洋牧场生产效率，推动产业升级，有力支撑风渔融合发展。

### （二） 聚焦养殖装备信息化升级

针对传统养殖装备信息化程度低，不能满足深远海域对海洋牧场资源环境信息实时传输的需要，需要结合5G通信平台，对养殖装备进行定制化开发，研发出一套能够实时采集每日海洋牧场的养殖鱼群生长情况和水文环境等数据的系统，对养殖环境进行全方位检测，并对所监测到的数据进行分析处理，及时采集和发布海洋牧场的动态信息，定制化精准高效管理海洋牧场。

### （三） 聚焦养殖装备智能化升级

针对传统养殖装备难以应对深远海域海洋牧场协调自动运营的情况，要进一步提高养殖装备的智能化水平。可借助北斗卫星导航系统对不同养殖区域进行精准定位，应用高分辨率遥感与环境传感器等技术，研发制造海底观测巡检和采收作业机器人等智能控制设备，研发海面监测无人船，设置气候、水文预报与自然灾害预警机制，并为设备装备定制化设计远程智能控制系统，提升海洋牧场的智能化水平。

## 二、海上风电装备制造能力提升

海上风电价值链中的重要一环是技术研发，掌握核心技术才能降低技术壁垒，海上风电装备制造企业必须集中力量进行技术研发上的攻关，积极与国内外知名制造企业合作，引进高端技术进行学习和借鉴，不断增强市场话语权。

### （一） 加强核心关键技术攻关

在装备制造技术、风力发电容量提升、海底远距离输电、桩基固定、漂浮式风机机组研发、海上风电场环境勘察、深远海域风电场设计、海上风电装备与信息传输装备结合、大型钢构、施工安装专用船舶、施工与运行过程生态环保属性提升、自动采集数据和信息传输、智能化运维系统、新型储能装备设计等领域加强核心技术研发，将技术变为企业产出的核心竞争力，加强海上风电企业的科技创新实力，提高经济效益。

### （二）　加强产品制造工艺与质量

海上风电制造工艺是保证装备在运行过程中的质量和工作效率的重要因素，装备制造企业可以加强在工艺改进和产品设计方面的合作，跨部门共同研发和应用先进工艺技术，通过优化工艺流程来提高生产效率、降低制造成本，实现装备制造与工艺提升的无缝对接，从而提高在整个产业链中的综合竞争力。质量是装备制造企业生存和发展的基础，装备制造企业可以与质量检验认证机构合作，建立完善的产品质量检测体系，通过提升海上风电装备质量和质量管理水平，提高风力发电电机等设备在深海环境运营的可靠性和稳定性，提升企业品牌价值和市场竞争力。

### （三）　加强市场拓展和运维等延伸服务

对于后期运维十分重视的海上风电行业，延伸服务是提高海上风电装备附加值的重要手段。海上风电装备制造企业应强化售后服务体系，提高运维售后人员的专业化技能和检查维修效率，为海上风电场运营商提供全面高效的解决方案。加强延伸服务，不仅可以增加风电装备的附加值，还可以提升客户满意度和口碑声誉，有利于企业进一步在海上风电行业开拓市场。市场拓展则是推动装备制造产业链上下游一体化发展、提高企业市场集中度的重要驱动力。海上风电装备制造企业需要加强对市场的研究分析，优化产品定位与结构，持续强化自身综合实力和市场话语权，积极开拓国内外市场，实现产品在全球的布局。

## 三、海洋牧场与海上风电融合发展方案设计创新

伴随着海洋牧场与海上风电融合发展实践的不断深化，目前融合发展已不再局限于在海上风电场投放布置人工鱼礁，进行集鱼和巩固风机的简易融合方式，而是出现了在融合方案设计上的技术创新。

## （一）空间融合

海洋牧场与海上风电融合发展共用空间的发展模式主要是指综合利用场域水上空间和水下空间，改善各产业的技术瓶颈制约和运维成本，提高海域空间资源的利用率。具体技术创新上，可以利用海上风电场的电子区域边界和监控设施，对海洋牧场区域划定警戒区围栏，以及对风机下方海域按水深划分区域，立体式养殖开发各区域资源。

## （二）结构融合

海洋牧场与海上风电融合发展可以共享风电基础和平台，如风力发电机基座和导管架等。设计风机基础和导管架与人工鱼礁融合的构型，在风机基础制造环节为海洋牧场养殖装备预留固泊支撑、挂件、循环与通信系统、电力设备和网箱立体。通过结构融合，可以充分发挥两个产业之间的互补性，提供共同运维管理的可行性，降低建设和维护成本，提高综合效益。

## （三）功能融合

海上风电场为海洋牧场提供电力供应系统和智慧数字化运维系统，通过应用先进的传感器、大数据分析和人工智能等技术手段，可以实现对融合发展项目海域的气候和水文预报、海洋牧场海底海面无人巡检、海底环境和养殖情况可视化监测以及信息集采传输系统等，从而实现海洋牧场与海上风电的共同监测和管理，提高设备与资源利用效率和运营维护水平。

# 第六节　海洋牧场与海上风电融合发展路径

粤港澳大湾区海洋牧场与海上风电融合发展需在产业链的分工定位和布局、跨区域产业分工与合作、用海要素供给保障和融合发展管理协调机制等方面调整发展路径，推动融合发展项目落地，加快产业链发展的步伐，实现资源综合利用和经济效益的最大化。

## 一、明确产业链的分工定位和布局

粤港澳大湾区各城市在海洋资源禀赋水平上各有差异，在海洋牧场与海上风电融合发展的优势上并不均等。即便是海洋资源较丰富的大湾区沿海城市，在开放海洋牧场与海上风电的自然资源条件方面也可能难以与粤东、粤西沿海城市相匹敌。因此，粤港澳大湾区城市需要根据自身产业基础和相关优势产业，明确在海洋牧场与海上风电融合发展产业链中的分工环节，进而整体布局相关产业链落地。具体来说，首先，推动相关政府主管部门以及科研机构针对大湾区各市的海洋牧场与海上风电融合发展产业链布局情况进行深入研究，探讨各地的比较优势，形成专业的产业研究分析报告。其次，邀请专家学者及企业人才围绕海洋牧场与海上风电融合发展的现有产业布局开展深度交流，共同探讨大湾区融合发展的未来产业布局及合理规划，结合实际情况提出可行的融合发展路径。最后，汇总上述研究报告及产业规划建议，政府部门制定产业规划，出台一系列有利于海洋牧场与海上风电融合发展的优惠政策，吸引相关企业落户。

## 二、加强跨区域产业分工与合作

探索粤港澳大湾区海洋牧场与海上风电融合发展要跨行业跨区域分工与合作，实现资源共享、技术互补，提升区域内整个产业链的合作创新能力和竞争力。广州、深圳、珠海、中山和佛山在海洋牧场与海上风电融合发展前期研究、技术服务支持、大型装备制造、施工安装专用船舶运输、海洋工程施工等环节具备一定优势，应在加强大湾区城市内部产业融合发展的基础上，强化与粤东、粤西产业链供应链合作，进而提升本地企业在全省的竞争能力。对于深圳、珠海、惠州和江门这些正在探索或有能力探索开发海洋牧场与海上风电融合发展项目的城市，更需要与粤东、粤西在该领域发展较好的城市进行合作和借鉴学习，助推本地项目早日落地。具体来说，一是推动政策合作，鼓励各地政府部门共同制定产业政策，因地制宜，避免同质化发展。二是推动产业链供应链合作，鼓励产业链链主企业建设合作产业园，吸引上下游配套企业入驻，汇集要素资源，打造大湾区风渔融合发展供应链服务企业总部。三是推动人才培训合作，组织大湾区相关的企业人才和政府管理人员前往粤东、粤西风渔融合发展先进地区企业进行参观和接受课程培训，提升从业人员的综合素质。

## 三、优化用海要素供给保障

粤港澳大湾区城市海洋资源与粤东、粤西相比稍弱，海洋产业融合开发、节约集约用海的要求更高，用海要素供给方面存在一定压力。针对粤港澳大湾区有限的海域资源，应进一步优化用海要素供应方面的保障，深度推进海域海洋牧场与海上风电融合发展项目开发建设。具体来说，一是要针对存量待开发海域进行科学勘测，考察海域的各方面条件及其适合发展的海洋产业，开展区域整体海域使用论证，避免粗放式开发模式。二是进一步推动开展风渔融合发展方案设计的研究，力求在有限的海洋资源下提升经济收益与效率。三是在集约节约用海的大原则下，优化海域使用的审查审批程序，推动存量待开发海域盘活利用。

## 四、强化融合发展管理协调机制

在探索完善风渔融合发展项目投产后的经营、运维、协调、管理、体制方面，一是要深度研究运维技术方面的关联性，寻找便于统一管理运营的融合发展模式。二是培育技术和管理方面的融合发展复合型人才，提升管理人才综合专业知识水平，将管理协调机制建立在技术可行、效率提升的科学基础之上。三是要建立跨部门跨环节紧密沟通和协作机制，定制融合发展的具体管理办法，构建新型融合发展管理组织结构，推动管理协调机制成为风渔融合发展项目正常运营生产的切实保障。

# 第三章　海洋生物医药产业
# 融合发展案例研究

科学规划、系统推进海洋生物医药产业的发展，是实现海洋生物医药技术高水平自立自强的重要推手，也是推动海洋经济高质量发展的重要举措。近年来，我国从中央层面到地方政府层面不断提高对海洋生物医药的重视程度，出台了一系列相关政策来扶持海洋生物医药产业的发展，鼓励支持研究开发海洋药物，着力将海洋生物医药产业打造成海洋经济未来增长点。目前，粤港澳大湾区海洋生物医药产业已建立起覆盖上游生物资源采集筛选与活性物质提取筛选、中游药物研发临床试验和制备、下游生产和销售的完整产业链条，产业规模较 21 世纪初明显提升，产品种类增多、品质明显提升。但从整体而言，海洋生物医药仍有较大的发展潜力未被充分挖掘，仍需政府、企业、人才等多方面的持续投入，促进海洋生物医药产业的蓬勃发展。在此背景下，应充分发挥粤港澳大湾区海洋经济优势，加快构建海洋生物医药产业体系，引进培育海洋生物医药龙头企业，打通产业链关键环节，实现海洋生物医药产业补链强链。

## 第一节　海洋生物医药产业融合发展现状

在海洋经济发展的带动下，海洋药物临床试验稳步推进，海洋生物的价值研究越发深入，海洋生物资源开发力度以及利用海洋生物制药的技术不断提升。在党中央、国务院加快建设海洋强国的战略部署下，粤港澳大湾区切实把海洋作为高质量发展的战略要地，加快打造海洋生物医药产业新高地，为海洋生物医药快速发展提供了人才、资金以及技术支持，海洋生物制药产业化速度明显加快。

## 一、海洋生物医药产业的定义和发展历程

### （一）定义

海洋生物医药产业是指以海洋生物为原料或从中提取有效成分，应用生物技术和药理生产海洋保健品、海洋生物新材料、海洋生物化学药品及基因工程药物等海洋生物医药制品的产业活动，包括基因工程疫苗、药用氨基酸、抗生素、微生态制剂药物、血液制品、代用品及诊断试剂等，一般分为中药、化学药、生物制品、医疗器械四个大类。与传统产业相比，海洋生物医药产业具有明显的行业进入壁垒，是一个技术密集型产业。海洋生物药物的研发需要大量的资本投入、人才投入，其研发周期相较于普通生物药物更长，面临着成果转化缓慢、不确定性高等风险，且对环境依赖性高，药物研发基地大多建立在沿海地区。从行业区分，海洋生物医药产业可以分为海洋药物和海洋生物制品两大核心。海洋生物医药产业的上游主要针对海洋生物资源进行采集、筛选、分离和提取，获得各类海洋生物毒素和其他海洋活性化合物；中游主要涉及药物研发与临床试验，研发生产海洋保健品、海洋生物酶、海洋生物农药和海洋中药等；下游为海洋生物药品和保健品的生产销售，聚焦海洋生物医药的应用场景，包括医疗机构、健康服务机构、第三方实验室和药店等。

### （二）发展历程

20世纪50年代，美国开始对海洋生物活性物质进行研究，并成功分离了部分具有特异生物活性的化合物，拉开了现代海洋药物研究的序幕。20世纪60年代到80年代，美国首次召开海洋生物药物国际学术会议，掀起了海洋药物研究第一个高潮，但由于科研技术尚未成熟，加上研发资金短缺，海洋生物医药产业仍处于缓慢发展期；20世纪80年代到21世纪初，海洋药物成为世界的热点，各国纷纷开展海洋药物与生物制品的研究。

中国研究和应用海洋生物医药可以追溯到两千多年前，中国最早的医学文献《黄帝内经》中提到可以使用乌贼骨和鲍鱼汁来治疗血液枯竭，《神农本草经》《本草纲目》以及《本草纲目拾遗》记录了超过一百种来自海洋生物的药物。中国现

代海洋生物医药研究可追溯到1979年召开的首届海洋药物座谈会，这标志着我国海洋生物医药产业化研究正式拉开序幕；1985年，青岛研发出首个我国自主研发并获得国际上市许可的海洋药品——藻酸双酯钠，这是我国海洋生物医药领域重大突破，标志着我国海洋生物药品实现了从"零"到"一"的发展，展示了我国在海洋生物药品研发方面的实力；1996年，海洋药物研究被列为国家级重大课题重点研究领域。

截至2024年，全球累计从海洋生物中分离提取了2万多个新化合物，大部分仍处于成药性评价和临床前研究阶段。截至2024年，全球已上市的海洋创新药品达16个，其中有两个是由我国研制，其余的大部分来自西方发达国家。西方发达国家受益于在海洋生物医药领域的前瞻布局，凭借每年国家研究机构投入的大量资金用于海洋生物医药研发，在海洋生物医药技术领域占据主导地位，掌握着许多海洋生物医药研发与生产的关键核心技术。我国海洋生物医药产业虽起步较晚，但在政策的引导以及市场需求的驱动下，海洋生物医药产业快速发展。截至2022年，我国已确认具有药用价值的海洋生物大约有1 000种，从中分离出数百种天然成分，并据此研发出十多种单方药物和接近2 000种复方中成药。此外，获得国家级批准上市的海洋药物约有10种，而拥有"健"字号认证的海洋保健品则达数十种。

## 二、海洋生物医药产业融合发展现状

海洋生物医药研发和产业化已经成为全球海洋强国之间激烈竞争的焦点，欧美、日本等发达国家和地区每年投入巨额资金用于海洋生物酶、生物相容性、海洋生物医用材料等的海洋生物医药研发，并形成了具备一定国际竞争力的海洋生物医药产业集群。中国虽然近年来对海洋医药产业越发重视，并不断给予政策层面扶持，但是由于我国海洋生物医药产业起步较晚，尽管已经取得了长足的进步，但尚未形成具有国际竞争力的产业集群。

### （一）海洋生物医药产业市场规模持续增长

一是全球市场规模逐步扩大。2020年，全球海洋生物医药产业市场规模达220亿美元，较2019年的200亿美元相比增加了20亿美元，同比增长10%，2021年

全球市场规模增长至 235 亿美元，与上年末相比增加了 15 亿美元，同比增长
6.8%（见图 3-1）。随着全球各国开始逐步重视海洋战略性新兴产业的发展，初
步预计到 2025 年全球海洋生物医药市场规模将达到 350 亿美元以上。

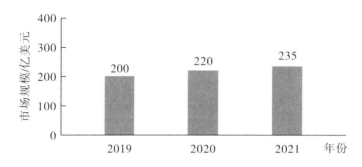

图 3-1　全球海洋生物医药市场规模

资料来源：研精毕智。

二是中国海洋生物医药行业保持稳定增长态势。在党中央"发展海洋经济，
加快建设海洋强国"的战略部署下，中国海洋生物药物产业规模继续保持较快增
长势头，是近年来海洋产业中增长较快的领域。2022 年我国海洋药物与生物制品
业增加值达 746 亿元，较 2019 年增加 303 亿元（见图 3-2）。从细分行业看，海
洋生物医药增加值占比更高，2022 年我国海洋生物医药增加值达 546 亿元，同比
增长 10.53%，占全国海洋药物与生物制品业增加值的 73.2%。

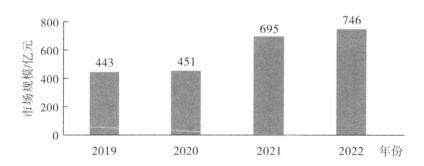

图 3-2　2019—2022 年中国海洋药物与生物制品业市场规模

资料来源：研精毕智。

三是中国海洋生物医药行业市场竞争力逐步增强。从全球海洋生物医药核心
市场来看，中国是最主要的分布地区之一，市场增速明显，截至 2021 年底，中国
海洋生物医药市场占全球约 25% 的市场份额，同期美国市场份额占比为 19%，日

本市场占据约15%的份额（见图3－3）。在行业生产技术和产业政策双重驱动之下，未来全球海洋生物医药市场将迎来发展机遇。我国海洋生物医药行业市场参与者主要有华大海洋、浙江诚意、山东达因，这三家领头企业的市场占有率合计超过50%，具有一定的垄断能力，其中华大海洋在国内海洋生物医药行业市场占有率最高，达25.6%（见图3－4）。

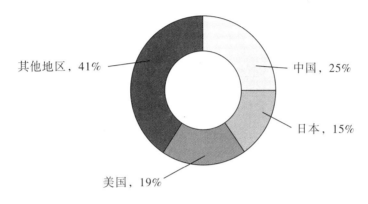

图3－3 全球海洋生物医药行业区域分布

资料来源：研精毕智。

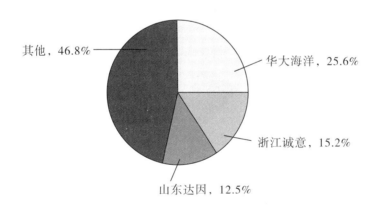

图3－4 中国海洋生物医药行业市场竞争格局

资料来源：中商情报网。

## （二）海洋生物医药全球市场需求与集中度不断提升

一是全球海洋生物医药市场需求量增加。随着全球海洋经济的快速发展，相关生物技术水平也在持续提高，全球海洋生物医药市场迎来了较快的发展，在全球市场需求量方面，如图3－5所示，2016—2020年全球海洋生物医药市场需求量由 606 万吨增长至 755 万吨，年平均增长率约为 5.6%，2021 年全球市场需求量达到 770 万吨左右，同比增长 2%。

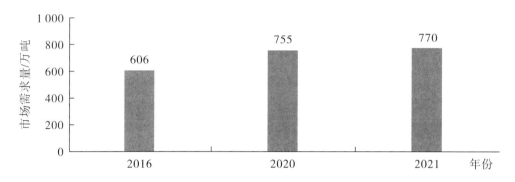

图 3-5　全球海洋生物医药市场需求量

资料来源：研精毕智。

二是全球海洋生物医药产业市场集中度较高。当前全球海洋生物医药产业参与者主要包括 Seagen、DSM、Eisai Co、Takeda 和 BASF 等企业，2021 年底，全球排名前五大生产企业共计占有大约 48% 的市场份额，前三大厂商的市场份额占比之和为 36%，其中 Seagen、DSM 和 Eisai Co 位于前三名，分别占 16%、12% 和 8%，Takeda 和 BASF 分别占 7% 和 5%（见图 3-6）。

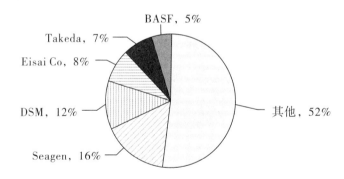

图 3-6　全球海洋生物医药产业市场竞争格局

资料来源：研精毕智。

三是全球海洋生物医药市场应用场景集中。在海洋生物医药市场应用场景层面，目前医院与诊所是最主要的应用场景，据北京研精毕智统计，2021 年医院与诊所应用场景占全球市场的比重达到 45% 左右，药店和第三方实验室分别占 26% 和 12%，除此之外，其他的海洋生物医药市场应用场景占 17%（见图 3-7）。

图 3 - 7　全球海洋生物医药行业市场应用场景

资料来源：研精毕智。

四是我国海洋生物医药的市场需求量稳定增长。2022 年我国海洋生物医药需求量首次超过 250 万吨，同比增长 4.9%。在政策的推动以及人们对健康生活的追求日益旺盛的背景下，未来我国海洋生物医药行业将继续保持稳定增长。

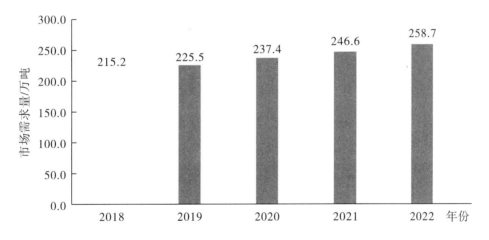

图 3 - 8　2018—2022 年中国海洋生物医药行业市场需求量

## 第二节　海洋生物医药产业融合发展现存问题

在党中央、国务院的海洋强国战略指引下，国家高度重视海洋产业的发展，海洋生物医药产业作为海洋产业中的战略性新兴产业，是国家海洋经济高质量发展的重要推动力。我国对海洋生物医药产业给予了政策、资金、人才各方面的大力支持，但仍存在着限制现代海洋生物医药产业发展的突出问题，主要体现在产业标准欠缺，产品研发周期与专项实施周期的矛盾以及企业的技术创新能力不足。

整理国内外相关文献发现，目前海洋生物医药产业融合发展存在的问题有政策、经济、人才、技术和社会五个层面：在政策层面，虽然政府在海洋强国的战略指引下给予了海洋生物医药产业一定的政策支持，但这些政策大多为鼓励性政策，缺乏具体的指导和措施。涉及海洋生物医药产业的专项政策较少，尚未有针对海洋生物医药产业的具体战略性发展规划，目前与海洋生物医药产业相关的激励政策或措施隐含于海洋经济发展以及生物经济发展规划之中，这与海洋生物医药产业相关企业及创新主体对政策的需求并不相符。在经济层面，政府给予了产业一定的资金支持，但海洋生物医药产业仍属于新兴产业，除了政府的资金支持仍需大量的社会资本参与，不确定性大、风险高使得产业资金面临短缺。目前，海洋生物医药产业总体规模较小，产业集中度较低，发现的可供利用的海洋生物远小于海洋生物资源储量。在人才层面，海洋生物医药产业高技术人才仍显短缺，虽然国内部分高校已开设相关海洋生物医药专业课程进行人才培养，但与发达国家相比，我国海洋生物医药专业人才培养起步较晚，人才培养方式较为单一且教育理念相对落后。在技术层面，海洋生物医药产业研发周期较长，科研成果转化率低，同时由于相关知识产权体系并不完善，企业创新驱动力不足，行业缺乏创新活力。海洋生物医药研发耗时长、投入大，目前的海洋生物医药企业大多以生产附加值低、技术含量不高的单一品种为主，造成企业间差异化程度低、产业结构相似等问题。企业研发能力的欠缺以及海洋生物医药领域专项政策的空缺都在一定程度上阻碍了海洋生物医药产业的快速发展。在社会层面，我国虽然拥有丰富的海洋生物资源，但缺乏科学的管理机制，这造成了海洋生物资源衰退的现象，一定程度上制约了海洋生物医药产业的发展。

## 第三节  海洋生物医药产业融合发展的机遇与挑战

粤港澳大湾区拥有丰富的海洋生物医药资源，大力推进海洋生物医药产业融合发展不仅可以促进海洋产业结构优化升级，更是实现海洋经济高质量发展、建设海洋强国的可行路径。近年来，大湾区通过政策指引和资金注入等方式为海洋生物医药产业提供了发展动力，给海洋生物医药产业带来了发展机遇。但从海洋生物医药发展态势来看，仍存在着产业链短、产业结构不优、区域集中度偏低、要素供给不足等挑战。鉴于此，如何改善海洋生物药物产业结构不优，提升海洋生物医药产业竞争力，促进海洋战略性新兴产业的发展，实现海洋经济高质量发展是当前粤港澳大湾区海洋生物医药产业发展亟待解决的问题。

## 一、海洋生物医药产业融合发展的机遇

进入"十四五"时期，中央及地方政府对海洋生物医药产业的关注与支持持续增强，各地区纷纷结合本地实际，展开富有特色的探索，为海洋生物医药产业的发展创造了良好的政策环境，预示着海洋生物医药领域具有巨大的发展潜力。

### （一）政策持续加码

21 世纪以来，我国对海洋经济愈发重视，出台一系列相关政策措施（见表3－1）以推动现代化海洋产业体系建设，加快海洋强国建设。2023 年，习近平总书记视察广东时要求广东加强陆海统筹、山海互济，全面建设海洋强省。广东省积极落实党中央、国务院海洋强国的战略，高度重视海洋生物医药产业的发展，联合相关部门加强统筹谋划，出台了一系列相关政策推动海洋生物医药产业积极发展（见表3－2）。

表 3－1　国家海洋生物医药产业相关政策文件

| 政策文件 | 相关措施 |
| --- | --- |
| 《支持"蓝色药库"开发计划的实施意见》 | 中国首个推动海洋药物创新研发和产业化的政策，强调要在平台、基金、技术、人才等方面支持海洋创新药物的研发及成果转化 |
| 《全国海洋经济发展规划纲要》 | 指出要加快形成海洋生物医药等六大支柱产业，带动其他海洋产业发展 |
| 《国家海洋事业发展规划纲要》 | 全国首个海洋领域纲领性文件 |
| 《全国海洋经济发展"十三五"规划》 | 指明了"十三五"时期海洋生物医药产业发展目标和主要任务，重点支持具有自主知识产权的海洋创新药物研发 |
| 《中华人民共和国国民经济和社会发展第十四个五年规划和2035年远景目标纲要》 | 提出要加快发展生物医药，做大做强生物经济，培育壮大海洋生物医药产业 |

表 3 - 2    广东省海洋生物医药产业相关政策文件

| 政策文件 | 相关措施 |
|---|---|
| 《广东省海洋经济发展"十三五"规划》 | 指明了广东省海洋生物医药产业的规划布局，同时指出要进一步加强广州、深圳国家生物产业基地建设 |
| 《广东省加快发展海洋六大产业行动方案（2019—2021 年）》 | 指出要加强海洋生物医药重点领域研发以及应用推广，搭建海洋生物产业服务平台，打造海洋生物产业集聚区 |
| 《广东省海洋经济发展"十四五"规划》 | 提出加速发展海洋药物与生物制品业，重点攻克海洋生物基因、疫苗、海洋创新药物等技术难关，实现海洋科技创新突破 |
| 《深圳市促进生物医药产业集聚发展指导意见》《深圳市促进生物医药产业集聚发展的若干措施》 | 为海洋生物医药产业集群发展指明了路径 |

## （二） 市场需求旺盛

从社会层面上看，居民文化水平的提高以及医疗保险制度的不断完善都为海洋生物医药产业发展提供了机会。首先，伴随居民的文化素质提升，人们越来越注重身体保健意识，为海洋药品和海洋保健品的发展带来了契机。其次，老龄化社会的到来，扩大了居民对医疗保健品的需要，市场需求的增加推动了海洋药品和海洋保健品行业的发展。此外，粤港澳大湾区城市群医疗资源丰富，特别是香港地区，医院和医疗机构数量多，且医疗水平国际领先，海洋生物医药研发成果可利用湾区内庞大的病例资源进行临床研究。

## （三） 科技研发基础扎实

国家鼓励以科技创新引领海洋强国建设，将海洋科技作为发展海洋产业的重要支撑。海洋经济已经成为我国经济增长最具活力和前景的领域之一，《全国科技兴海规划纲要（2008—2015 年）》《全国科技兴海规划（2016—2020 年）》《国家"十二五"海洋科学和技术发展规划纲要》等重大科技规划的推出，标志着我国海洋科技事业进入了飞速发展的机遇期。粤港澳大湾区集聚了香港大学、澳门大学、中山大学等众多高校以及南方海洋科学与工程广东省实验室、中科院南海海洋研究所等科研单位。在国家重点研发计划以及省重点项目支持下，大湾区正聚焦海洋生物医药高新技术研发方向，着力解决海洋技术核心难题，逐渐构建起海洋药物研发体系，取得了多项阶段性突破性进展，目前海洋微生物来源药物先导化合物成药性评价取得显著进展。

### （四）人才供给充足

建设海洋强国，需大力打造高学历人才队伍。科技兴海的理念和海洋强国的建设使得各科研院所更加注重对海洋科技人才的培育，当下是历史上一个良好的人才机遇期。粤港澳大湾区拥有多所高校以及科研机构，可以为海洋生物医药产业的发展带来高学历人才。2018—2022 年，广东省政府积极统筹财政资金，人才发展专项资金预算安排达 19.75 亿元，用于引进培养包括海洋方面的高层次人才和创新创业团队。截至 2024 年，广东省已有包括广东海洋大学、广东药科大学、华南农业大学、南方科技大学、汕头大学、深圳大学、中山大学等 34 所高校开设了海洋药学、海洋科学、生物制药、生物医学工程、生物技术、生物科学、药学等相关本科专业，相关专业在校生人数 3 万余人。截至 2024 年，广东省共有涉海相关博士、硕士点 7 个，共有在校研究生近千名。广东建有涉海洋生物领域（一级学科含海洋科学、生物学、生物工程等）博士后科研平台约 80 家，在站博士后约 1 600 人。

### （五）经济实力雄厚

大湾区金融市场发达，拥有港交所、深交所等重要金融基础设施。此外，为支持海洋生物等海洋产业创新发展，2018—2022 年，广东省财政每年投入 3 亿元专项资金，旨在推动海洋生物等海洋六大产业的创新发展。2018—2022 年，广东省重点领域研发计划项目中海洋经济领域立项 11 项，金额达 1.19 亿元。

## 二、海洋生物医药产业融合发展的挑战

当前粤港澳大湾区海洋生物医药产业实现规模与质量的快速增长，多项科研成果将陆续进入产业化阶段。目前，尽管大湾区海洋生物医药产业发展势头强劲，但仍面临产业支持力度稍显不足、产品同质化严重、技术支撑不够厚实、专业人

才短缺、公共服务平台能力弱等问题，高附加值优势尚未显现，产业发展仍处于初级阶段。

## （一） 产业支持力度稍显不足

首先，大湾区绝大多数沿海地区因地制宜地制定了地方海洋经济发展规划以促进海洋产业发展，但部分沿海地区政府为达到目标，不合理地开发利用海洋生物资源，导致区域海洋生物资源衰退以及区域稀有海洋生物资源濒临灭绝的现象。其次，目前，海洋生物医药产业相关政策包含于生物经济政策或海洋经济政策中，尚未有针对海洋生物医药产业的专项政策，尤其针对海洋生物医药的实施细则类政策，造成海洋生物产业缺乏完善的管理机制，其管理呈现涣散状况，一定程度上制约了海洋生物医药产业的发展。

## （二） 产品同质化严重

目前，大湾区尚未研发出被国际医学界和学术界认可的海洋创新药物，现阶段的海洋药品与生物制品以低附加值、高新技术含量低的海洋生物制品为主。市面上，海洋生物药品同质化问题严重，多为仿制药，只有极少数药品拥有自主知识产权。大湾区具有自主知识产权的海洋药品和海洋保健品相对于国外进口的海洋药品和海洋保健品，在中国市场的份额少。由于海洋生物医药研发行业进入壁垒高，且投资回报周期长，不确定性风险高，大多数企业对海洋生物医药投资保持着谨慎态度，故海洋生物医药企业仍较少，未能形成具有国际竞争力的海洋生物医药产业集群。随着全球经济一体化的发展，高质量的国外海洋药品和海洋保健品将以更低关税流入中国市场，这将对大湾区乃至我国海洋生物医药产业发展造成威胁。

## （三） 技术支撑不够厚实

从国家海洋生物医药专利申请数量与公开数量来看，我国的海洋生物医药技术水平远低于欧美国家。我国海洋生物医药产业技术活跃度较低，海洋生物医药专利申请量从 2016 年 33 件下降到 2019 年 17 件，在 2018 年实施"蓝色药库"开发计划后，专利申请数量逐步恢复至 2022 年 37 件，但与国际发达地区仍有较大差距。目前，粤港澳大湾区海洋生物医药产业的技术水平相对不高，造成海洋生物医药技术不能满足海洋生物医药产业发展需求的原因之一是大湾区高校与科研院所之间尚未建立有效的合作机制以及良好的协作平台，产学研分离化问题仍十分突出，造成科研成果转化率低。总体来看，大湾区海洋生物医药产业的技术水平难以支撑海洋生物医药产业的快速发展，因此需把产业发展核心放在海洋生物医药技术研发方面。

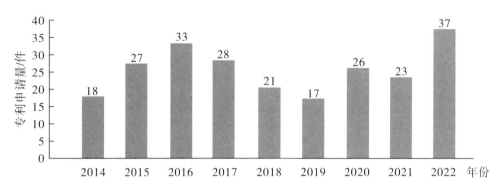

图 3 - 9　2014—2022 年中国海洋生物医药产业专利申请情况

## （四）专业人才短缺

由于我国居民的海洋意识相对薄弱，大多数人对海洋工作者理解较为片面，导致从事海洋事业的人口并不多。虽然粤港澳大湾区的海洋生物医药产业队伍在不断扩大，并已初步形成一定规模，但大湾区高水平生物医药产业人才缺乏，现有生物技术人才偏重于基础研究，高端实用型人才的虹吸效应不强。结合海洋生物医药产业的内涵，该产业对人才的需求也相对较高，很多感兴趣欲从事海洋生物医药产业的人达不到行业门槛，人才资源配置跟不上产业结构的步伐是制约大湾区整个生物医药产业规模化发展的主要障碍。

## （五）公共服务平台能力弱

目前，粤港澳大湾区已建成了一个国家级的南海海洋生物医药资源研发公共平台，但目前仅在分子影像、小分子药物快速筛查和先导化合物快速合成与鉴定三个方面提供技术支撑。海洋药物重点实验室致力于探索和开发基础研究和特定领域的新技术和新产品，与企业间的联系不足，公共服务能力有待提升，产学研结合仍需进一步完善。

# 第四节　国内典型案例分析与经验借鉴

## 一、国内重点区域海洋生物医药发展情况

随着国家对海洋生物医药愈发重视以及市场的需求不断扩大，具有自主知识产权、健康安全、绿色高效的海洋创新药物正迎来良好的发展机遇，各沿海地区凭借自身资源优势，纷纷出台政策加大对海洋生物医药行业的支持力度，加速海洋生物医药产业化进程，目前已初步形成了山东、广东、浙江、江苏、福建、广西六个海洋生物医药产业集聚区。

山东海洋生物医药产业起步较早，拥有全球最大的海洋微生物数据库以及国内唯一的国家级海洋药物中试基地，海洋生物医药产业基础扎实；海洋生物药品研发成果显著，国内首个被国际认可的海洋生物创新药品来自山东，国际上 17 个公认的海洋创新药品有两个来自中国山东。

广东海洋经济核心竞争力强，连续 28 年海洋生产总值位居全国首位，集聚了众多涉海涉药的科研机构、高校以及企业，科研优势明显，特别是在海洋活性天然产物和先导物的发现方面有着突出成果；同时依托高新技术产业园区以及粤港澳大湾区海洋经济合作示范区，极力打造海洋生物医药产业集群示范区。

浙江生物医药产业基础雄厚，但海洋生物医药仍有很大发展空间。目前，浙江以加大海洋生物医药产业园建设为抓手，在临海市区打造了初具规模的海洋生物医药产业集群。

江苏较早开始海洋生物医药产业研究，在海洋生物医药领域不断增加科研投入。依托企业、高校与科研机构的产学研深度交流融合，江苏在海洋中药的研究与开发以及贝类藻类的综合利用方面成果显著，并形成了具有特色的发展模式。

福建海洋生物医药产业是福建海洋渔业系统的重点扶持领域，除资金支持外，福建省还举办了多届海洋生物医药产业高质量发展推进活动。依托厦门海沧生物医药港、诏安金都海洋生物产业园以及石狮市海洋生物科技园等基地，初步形成了海洋生物医药集聚发展态势。

广西海洋生物医药产业规模小，总量增长缓慢，但广西具有区位优势，靠近

东盟，政府以中国—东盟信息港建设为依托，加强在海洋生物制药等领域与东盟国家的交流合作，为海洋生物医药产业发展带来了新机遇。

## 二、国内重点区域格局

山东、广东、浙江、江苏、福建、广西六个海洋生物医药产业集聚区，是我国生物医药产业高质量发展的战略要地，当前正加快完善基础资源平台，积极推动海洋生物医药成果的快速转化。

### （一）山东省：全面引领

山东省海洋资源丰富，生物活性好、品种储量大，同时具有扎实的产业基础和多重战略叠加的优势。以实施"蓝色药库"计划为抓手，山东培育了一批以正大制药、明月海藻、黄海制药等为代表的海洋生物医药骨干龙头企业，同时依托研发中心和生产基地的建设，大力推动海洋生物药品、功能食品以及生物制品研发，基本构建起了覆盖海洋生物创新药物、医用材料以及生物制品等的海洋生物医药药品体系。据山东省海洋经济统计公报，2022 年山东海洋生物医药产业取得优越成绩，产业增加值达 173 亿元，在青海、烟台等多个城市形成海洋生物医药产业集聚态势，其中青岛海洋生物医药产业集群入选山东省十强产业"雁门阵"集群。

表 3 - 3　山东省海洋生物医药产业基础

| 重点领域 | 海洋功能食品、海洋生物医用材料、海洋创新药物 |
| --- | --- |
| 平台 | 崂山海洋生物医药产业园、青岛高新区蓝色生物医药产业园、西海岸海洋高新区海洋生物医药产业园、国家级海洋药物中试基地、青岛海洋科学与技术试点国家实验室海洋创新药物筛选与评价平台 |
| 代表性企业 | 正大制药、明月海藻、威海百合生物、黄海制药、东海药业、青岛国风药业 |

青岛是山东省发展海洋经济的突出代表。青岛拥有国际最大的海洋微生物数据库、国内唯一的国家级海洋药物中试基地，集聚了众多涉海院士，拥有以青岛海洋科学与技术试点国家实验室海洋创新药物筛选与评价平台为代表的涉海高端研发平台以及海洋领域国际领跑技术。2019 年，青岛市政府深刻领会习近平总书

记的重要指示，颁布《支持"蓝色药库"开发计划的实施意见》，从项目、研发、平台、基金、人才五个方面支持海洋生物医药产业发展，聚焦海洋药物创新，开展对海洋药物资源的科学、系统的挖掘提取筛选创新研究。在学界和海洋生物医药从业者以及社会各方的支持下，"蓝色药库"开发计划取得了显著成效。2019年12月，国产阿尔茨海默病新药GV-971（甘露特钠胶囊）附条件批准上市并被纳入医保目录。2022年12月，免疫抗肿瘤海洋新药BG136获批进入临床试验，成为国际上首个进入临床试验阶段的免疫抗肿瘤海洋多糖类药物。2023年6月，由青岛海洋生物医药研究院、青岛聚大洋藻业集团、青岛博智汇力海洋生物科技有限公司三方共建的"蓝色药库"寡糖产业化基地开始投产。"蓝色药库"寡糖产业化基地是目前国内最大规模的寡糖制备基地，其建成投产为"蓝色药库"开发提供系列寡糖原料支撑。

**专栏1 山东省海洋生物医药产业建设**

1. 统筹谋划科学布局

加强顶层设计，深化海洋天然产物发现、海洋创新药物研发以及海洋药物产学研深度融合布局，加速推进相关制度编制，以促进海洋药物与生物制品产业的深度拓展与全面升级；进一步优化功能区产业发展布局，加快打造海洋生命健康产业园，为引入优质链主项目提供新载体；实施提质增效工程，鼓励现有生物医药企业向海发展；实施海洋生物医药产业产值倍增计划，加快集聚海洋生命特色产业集群，推动8个重点生物医药产业项目建设运营，力促圣元液体蛋白等总投资140亿元的9个项目签约落地，打造国内顶级海洋生命产业创新基地。

2. 集聚创新优势

引进中科院海洋研究所等涉海高校院所，发挥院校及科研单位的源头创新作用，开展涉海关键核心技术攻关，实现前瞻性基础研究、关键核心共性技术、引领性原创成果重大突破。持续推进海洋生物医药创新平台建设，成立山东省海洋科技成果转移转化中心，打造科技成果展示交易集市，提高研究成果转化率。

3. 强化人才支撑

创新人才培养模式，建立科研技术人员在企业和高等院校之间的双向流动机制；鼓励高校针对产业需求调整优化学科专业结构，支持搭建校企联合培养平台；加强对海洋生物医药人才激励，实施蓝色人才集聚计划，精准引育解决海洋生物医药领域关键核心技术"卡脖子"问题的高水平技术人才。

资料来源：笔者根据公开资料整理。

## （二）广东省：创新先行

广东省海洋经济发展长期处在全国领先地位，据《广东海洋经济发展报告（2023）》的数据，广东省 2022 年海洋药物和生物制品增加值 67.8 亿元，同比名义增长 16.9%，占全省海洋产业增加值 1.05%。广东在海洋生物医药领域拥有显著的科研优势和产业化实力，汇聚了众多高校、科研机构以及海洋产业园区，构建了坚实的科研基础，取得了丰富的研究成果。2019 年，中科院与广东省政府共同打造的南方海洋科学与工程广东省实验室在广州正式设立，进一步推动了海洋生物资源利用和海洋大健康产业等相关领域的研究与开发。

表 3-4　广东省海洋生物医药产业基础

| 重点领域 | 海洋生物资源采集提取、海洋药物研发、健康产品开发 |
|---|---|
| 平台 | 中科院南海海洋研究所、南方海洋科学与工程广东省实验室（广州、珠海、湛江）、深圳国际生物谷大鹏新区海洋生物产业园、广州国家生物产业基地、深圳国家生物产业基地、中山国家健康科技产业基地等 |
| 企业 | 广东海大、华大海洋、深圳海王、深圳华泓海洋生物医药有限公司等 |
| 代表性产品 | 海怡康海水螺旋藻片剂、海珠口服液、抗风湿关节炎产品"海精灵"、高纯度藻胆蛋白荧光试剂、岩藻黄素和藻蓝等天然藻类色素 |

着力营造推动海洋生物医药发展的氛围。2021 年 12 月，广东省发布《广东省海洋经济发展"十四五"规划》，明确提出要依托广州南沙、深圳前海以及珠海横琴等载体，围绕海洋生物医药等领域，建设粤港澳大湾区海洋经济合作示范区。2023 年 6 月，广州在国际生物岛成功举办"首届粤港澳医药创新发展大会——海洋生物医药发展论坛"，论坛为从事海洋生物医药领域研究的专家和学者提供了交流互动平台，共享最新研究成果，并邀请了来自国内"双一流"高校及科研院所的多位专家围绕海洋生物抗肿瘤、海洋药物资源碳素、先导化合物研发等领域最新研究成果以及未来趋势做了主旨报告，进一步展开学术研讨。

专栏2　广东省海洋生物医药产业建设

1. 强化政府作用，助推海洋生物医药产业健康发展

制度上，完善市场规则，增强产业知识产权保护，优化创新环境，激发创新活力，依托中国（广东）知识产权保护中心专利快速预审平台，建立海洋生物医药发明专利的快速预审、确权、维权以及协同保护机制，增大海洋生物医药关键技术领域的创新保护力度。规划上，依托广东省现有的海洋生物医药产业园区，培育地区海洋生物龙头企业，积极招引海洋生物医药领域企业，实现海洋生物医药产业融合与集群。

2. 加大财政支持，推动海洋生物医药产业快速发展

积极统筹财政资金，对海洋生物医药产业发展予以支持。加大对海洋生物医药产业的扶持与补贴力度，鼓励支持海洋生物医药企业联动科研院所开展海洋生物医药核心技术研发，加快科研成果转化。

3. 搭建服务平台，推动海洋生物医药产业协同发展

继续推动海洋生物医药产业服务平台建设，鼓励高水平医疗卫生机构创建国家级和省级研发平台，打造中试技术研发公共服务平台，建立制造与评估研究中心，降低企业研发成本，促进研究成果转化。深化粤港澳大湾区各海洋生物协会、科研机构、高校以及广东海大集团股份有限公司、深圳华大海洋科技有限公司等具有行业影响力的单位间沟通交流，加强产学研深度融合，推动海洋生物医药、生物制品和海洋渔业及其加工行业合作，促进海洋生物产业高质量发展。

4. 加强基础研究，解决"卡脖子"难题

依托南方海洋科学与工程广东省实验室（广州、珠海、湛江）科研优势，开展海洋生物医药关键核心技术攻关。出台具体的工作计划指引科教融合协同，推进高校海洋生物医药科技创新能力提升，支持相关高校加强海洋生物医药、海洋生物制品、海洋生物材料等重点领域及研究方向的基础研究，鼓励高校联动开展海洋生物重点领域关键技术攻关，致力突破一批重大关键性和共性技术，为海洋生物医药产业的发展注入新动力。支持中山大学、华南农业大学、汕头大学以及港澳高校参与南方海洋科学与工程广东省实验室及在粤涉海国家重大科技基础设施建设，抢占海洋开发战略制高点。

5. 加强人才招引，为海洋生物医药产业提供人才保障

建立和完善海洋生物医药人才培养体系，依托涉海涉药的高校，根据行业需求，调整专业课程，持续优化学科布局，加强学科专业内涵建设，提高学科专业与海洋生物医药产业发展的契合度。继续推动职业院校结合海洋生物医药领域服务需求，开设相关职业技能教育，扩大技术技能人才培养规模。推广院校联合行业企业在海洋生物医药领域开展现代学徒制试点，提升从业人员专业技能。加大海洋生物医药专业人才引进与激励力度，吸引专业人才以及拉动行业发展的领军人物，设置多元化的激励政策，培育集聚海洋生物领域高层次人才。

资料来源：笔者根据公开资料整理。

## （三）浙江省：龙头引育

浙江省在生物医药产业方面拥有坚实的基础，然而，相较于整体医药工业，浙江省海洋生物医药产业的占比仍显偏小。为此，浙江省近年来积极推动海洋生物医药产业园的建设，汇聚了以诚意药业、杭康药业等为代表的海洋生物医药企业，其产品线涵盖了海洋中成药、海洋保健功能食品以及海洋生物制品等多个领域，宁波、舟山、温州、台州等城市初步形成规模化的海洋生物医药产业集群。同时，浙江不断加强科研与成果转化，建立了海洋高科技成果公共中试车间、浙江海洋学院海洋生物种质资源发掘利用浙江省工程实验室等一系列创新平台，赋能浙江省海洋生物医药产业化发展。

表 3-5 浙江省海洋生物医药产业基础

| 重点领域 | 海藻生物萃取、鱼油提炼、海洋生物基因工程 |
|---|---|
| 平台 | 杭州生物产业国家高新技术产业基地、宁波生物产业园、绍兴滨海新城生物医药产业园、台州生物医化产业研究院、舟山海洋生物医药区块、金华健康生物产业园、长三角海洋生物医药创新中心等 |
| 企业 | 诚意药业、杭康药业、宁波希诺亚海洋生物科技有限公司、浙江欧格纳科海洋生物科技有限公司等 |
| 政策 | 《浙江省海洋经济发展"十四五"规划》中明确指出，要着力构建百亿级的海洋生物医药产业集群，并积极推动海洋生物医药产业实力提升与规模扩张，推动海洋生物医药产业实现蓬勃发展 |
| | 《浙江省人民政府办公厅关于印发促进生物医药产业高质量发展行动方案（2022—2024年）的通知》提到要推动培育海洋生态医药产业圈，发展以海洋生物资源为基础的生物制品产业 |

**专栏3 浙江省海洋生物医药产业建设**

1. 强化海洋科技创新能力

提升海洋科创平台能级，加速推进杭州城西科创走廊建设进程，着力推动宁波、温州、舟山、台州等地培育海洋生态医药产业圈，推动海洋生物药品和以海洋生物资源为基础的生物制品产业发展，促进海洋生物医药产业集群化发展。

（续上表）

> 2. 聚焦成果转化
>
> 依托长三角海洋生物医药创新中心、海洋生物医药中试研发基地，开展常态化科研成果对接、中试验证等活动，满足海洋生物医药产业研发、中试和生产的成果转化需求，深化高等院校、科研机构与企业间产学研合作，促进知识、技术和资源的共享与交流，推动海洋生物医药领域创新成果转化和应用。
>
> 3. 打造产业集群
>
> 加快建设覆盖海洋生物医药领域研发、中试与生产全链条一站式公共技术服务平台，依托舟山海洋生物医药区块以及省内生物医药产业园区，积极引育海洋生物医药龙头企业，新建一批省级企业科创载体，带动海洋生物医药产业集群发展。

资料来源：笔者根据公开资料整理。

## （四）江苏省：特色发展

江苏省生物医药产业素来发达，自 20 世纪 90 年代末起便致力于开发新药、原料药及功能食品等海洋生物医药产品。至 2021 年，该省海洋生物医药产业增加值已达 68.5 亿元，实现了 11.9% 的同比增长。近二十年来，江苏省对海洋生物医药产业的科研投入稳步增长，成功建设了多个重点实验室和创新平台。"十四五"期间，江苏省海洋生物医药产业发展聚焦于推动海洋药物和生物制品实现产业化。通过高校、科研机构与医药企业紧密的产学研合作，江苏省已开发出拥有自主知识产权的海洋生物医药产品，并依托企业精准把握市场需求，产品的研发与产业化进程不断加快。

表 3-6　江苏省海洋生物医药产业基础

| 重点领域 | 海洋农用生物制品、新型海洋酶制剂、海洋化妆品原料、海洋生物活性物质、精准营养补剂、海洋功能性食品 |
| --- | --- |
| 平台 | 苏州生物医药产业园、泰州中国医药城、启东生命健康产业园、南京生物医药谷、海门生物医药科技创业园、海洋大健康产业基地（在建）、江苏省海洋药物活性分子筛选重点实验室等 |
| 企业 | 双林海洋生物药业、苏中药业等 |

（续上表）

| 政策 | 《江苏沿海地区发展规划（2021—2025 年）》明确指出，需着力构建海洋生物制品产业集群，并加大对创新基地、海洋生物产业园等载体的扶持力度，以建设海洋生物医药产业化示范基地为目标，推动产业向更高水平发展 |
|---|---|
| | 《江苏省海洋产业发展行动方案》明确优化调整专项资金支持方向，加大海洋生物医药产业发展支持力度 |
| | 《中共江苏省委江苏省人民政府印发关于促进经济持续回升向好的若干政策措施》指出支持重点海洋生物种质资源库建设 |

**专栏 4　江苏省海洋生物医药产业建设**

1. 打造海洋特色园区

培育海洋产业特色园区，不断完善园区功能配套，支撑海洋生物医药产业的发展，鼓励有条件的开发区建设海洋产业园区，推动海洋生物医药产业集中集聚集约发展。

2. 建设高水平创新平台

积极打造有全国影响力的涉海创新平台，依托技术创新中心、实验室、新型研发机构，构建创新平台体系。鼓励高校、科研机构及企业联合打造特色产业学院，探索多元主体协同创新机制。

3. 引培优质企业

积极培育打造创新能力强、掌握核心技术能力的龙头企业，以龙头企业为引领，构建大中小企业融通发展的海洋生物医药产业生态，提升核心竞争力，做大做强海洋生物医药产业。

资料来源：笔者根据公开资料整理。

## （五）福建省：加速集聚

2022 年，福建省海洋药物和生物制品业初步形成产业规模，增加值达到了 746 亿元，同比增长 7.1%。依托厦门海沧生物医药港、石狮市海洋生物科技园等重要产业园区的支持，已吸引了包括国药控股星鲨制药、泉州中侨、厦门蓝湾科技、金日制药等在内的 50 多家海洋生物医药与制品企业集聚。这些企业共同构建了较为完善的海洋医药与生物制品产业链，初步实现了海洋药物和生物制品的产业集聚。同时，众多新型产品如微藻 DHA、"双糖"胶囊、新型鲨鱼肽等也批量涌现，进一步推动了产业的发展。

表 3 - 7　福建省海洋生物医药产业基础

| 重点领域 | 海洋生物医用材料、海洋日化生物制品 |
|---|---|
| 平台 | 石狮市海洋生物科技园、诏安金都海洋生物产业园、自然资源部第三海洋研究所海洋生物遗传资源重点实验室、厦门海沧生物医药港、厦门大学海洋生物制备技术国家地方联合工程实验室 |
| 企业 | 石狮华宝、国药控股星鲨制药、泉州中侨、厦门蓝湾科技、金日制药、润科生物、力品药业等 |
| 政策 | 《福建省"十四五"海洋强省建设专项规划》指出要加强原创技术储备，开发中高端产品以及加速产业集聚，为推进福建海洋生物医药产业发展指明了路径 |
| | 2021 年，出台了《福建省推进海洋药物与生物制品产业发展工作方案（2021—2023 年)》，指出要聚焦关键核心技术突破，积极引进海洋药物与生物制品龙头企业，培育富有竞争力的海洋药物和生物制品产业体系 |

福建省在海洋生物医药领域的科研创新和成果转化方面持续加大力度。福建举办了两届海洋生物医药产业高质量发展对接活动，发布了福建省现阶段海洋生物医药科技成果以及技术需求，推动了 9 项政产学研合作落地。设立福建省海洋经济发展专项资金，支持涉海高校及科研机构开展海洋生物医药领域关键技术开发攻关及产业化，同时成立了福建省海洋生物医药产业创新联盟，吸引了 115 家涉海涉医的科研机构、高校和企业加入。

专栏 5　福建省海洋生物医药产业建设

1. 加强产业发展规划引导

积极贯彻《福建省推进海洋药物与生物制品产业发展工作方案（2021—2023 年)》，统筹海洋生物医药产业发展布局，全面优化海洋生物医药产业结构，持续完善和改进服务体系，鼓励企业创新主体提升技术创新能力，加强要素保障。

2. 推动创新成果对接转化

以现有海洋生物医药企业和海洋生物医药类平台为依托，搭建海洋药物与生物制品领域发展对接平台；发挥福建省海洋生物医药产业创新联盟作用，开展海洋生物医药产业需求对接活动，鼓励高校、科研机构和企业进行产学研深度合作，提高创新成果产品转化率。对实现首次产业化生产的 1 类、2 类、3 类创新药物给予资金补助。

| 3．加大项目培育引进 |
| --- |
| 　大力推进厦门海洋高新技术产业园、诏安金都海洋生物产业园等专业园区建设，依托现有海洋生物医药产业园区，积极引进海洋生物医药龙头企业，推动海洋生物医药产业集群发展。 |

资料来源：笔者根据公开资料整理。

## （六）广西壮族自治区：　蓄势待发

广西壮族自治区海洋生物医药产业尽管规模相对较小，但自 2010 年以来仍有所增长，从 2010 年的 0.5 亿元增长至 2021 年的 5 亿元。目前，海洋生物产业主要集中在北部湾沿海城市，特别是北海市、防城港市和钦州市。其中，北海市凭借自然资源部和广西共建的第四海洋研究所这一国家级海洋科学研究机构的优势，发展较早；钦州市则利用其成熟的化工产业体系，专注于海洋生物活性物质提取和生物药物中间体制备等领域，呈现出加速发展的态势。目前，广西已吸引一批以北海国发、兴龙生物制品、精工海洋科技等为代表的海洋生物医药骨干企业，初步形成了产业发展的集聚效应。

表 3-8　广西海洋生物医药产业基础

| 重点领域 | 海洋食品、护肤品、生物功能药品等 |
| --- | --- |
| 平台 | 国家海洋经济创新发展（北海）产业园、自然资源部第四海洋研究所、中华鲎海洋生物产业基地 |
| 企业 | 北海国发、北海蓝海洋、兴龙生物制品、中山市蓝藻生物食品开发北海分公司、生巴达生物科技、精工海洋科技、玉林制药 |
| 代表性产品 | 珍珠明目滴眼液、珍珠粉、鱼肝油、海蛇药酒、甲壳素、天然牛磺酸、螺旋藻 |
| 政策 | 《广西海洋经济发展"十四五"规划》明确指出，"十四五"期间以北海廉州湾和防城港防城湾为重点布局区域，着力打造海洋特色产业园区，进一步推动产业集聚 |
| | 《广西大力发展向海经济建设海洋强区三年行动计划（2023—2025 年）》明确海洋生物医药产业发展目标，即到 2025 年，海洋药物和生物制品业的增加值达到 10 亿元 |

专栏6 广西海洋生物医药产业建设

1. 壮大海洋生物医药产业

以500强、独角兽、瞪羚、专精特新"小巨人"这四类企业为重点招商目标，聚焦包括海洋生物医药产业在内的重点产业开展精准招商，着力引进具有自主知识产权的海洋生物医药领军企业，利用国内外涉海展会平台，组织开展海洋生物医药产业招商活动，推动海洋生物医药产业规模化发展。

2. 加强向海经济交流合作

发挥北部湾在西部陆海新通道中的门户港作用，推动广西海洋生物医药产业同长江经济带腹地产业协同发展。鼓励区内企业深化与上海、南京、杭州等地科研机构合作交流，围绕海洋生物医药领域，开展关键核心技术攻关，探索共建中国—东盟海洋产业联盟，加强国际海洋生物医药产业合作交流。

资料来源：笔者根据公开资料整理。

## 第五节　海洋生物医药产业融合发展的重点领域

尽管粤港澳大湾区海洋生物医药产业当前规模相对较小，竞争力有待提高，但发展潜力巨大。关于如何加速粤港澳大湾区海洋生物医药产业的融合发展，笔者认为可以从以下重点领域着手。

### 一、海洋生物医药产业与地方金融服务业融合发展

海洋生物医药产业属于战略性新兴产业，也是资金密集型产业。目前，该产业发展仍处于导入期，需要大量的资金投入用于研究开发和技术改进，以及提高成果转换率、生产效率以及产品质量，而地方金融服务业可以为海洋生物医药产业提供金融性支持服务。粤港澳大湾区在海洋生物医药产业的发展上具有得天独厚的优势，拥有支持海洋生物医药快速发展的经济、科研、人才实力，香港作为国际金融中心，以其稳定和高效的环境吸引着全球的投资与人才，是国际资本的重要枢纽以及国际贸易的重要通道，虽然近年来经济有所萧条，但其独特的地理位置、健全的法制体系和高效的公共服务，使得香港在全球金融中心指数中稳居

前列。粤港澳大湾区应充分利用好香港发达的金融服务业实现对海洋生物医药产业的资金支持，促进海洋生物医药产业与金融服务业融合发展。

## 二、海洋生物医药产业与科研机构融合发展

海洋生物医药产业是高新技术产业，属于知识密集型产业。要实现海洋生物医药的快速发展，需要强化海洋生物医药企业与科研机构创新合作，提升专业院校和科研机构对湾区海洋生物医药产业发展的作用。粤港澳大湾区拥有香港大学、香港中文大学、中山大学、澳门大学等多所名校，"广州—深圳—香港—澳门"是粤港澳大湾区的科技创新走廊。根据《世界大学第三方指数研究报告（2021）》，粤港澳大湾区在全球四大湾区中整体竞争力位居第二，仅次于纽约湾区。全球四大湾区共有 146 所高校上榜，其中粤港澳大湾区有 20 所高校入选，2 所为世界百强，6 所为世界两百强。在 20 所高校中，广东上榜 11 所，香港地区上榜 7 所，澳门地区 2 所。大湾区应凭借丰富的海洋资源和强大的海洋经济实力，充分利用科技和产业集群优势，进一步加大研发引导性投入，注重企业发展导向。大湾区应依托"广州—深圳—香港—澳门"科技创新走廊，努力实现海洋生物医药产业与科研单位创新性融合发展，实现产学研深度融合，促进科研成果转化，争取更多国家海洋重大科技基础设施落户大湾区，建设高水平海洋生物医药研究院，以南方海洋科学与工程广东省实验室为基础，推进海洋生物科技创新平台的建设，支持龙头企业带动海洋生物医药产业集群发展。

## 三、海洋生物医药产业与现代信息技术融合发展

随着现代科学技术的快速发展，互联网、大数据、人工智能技术越来越多地应用到海洋生物医药产业领域，特别是在其资源挖掘、创新研发以及生物医药产业化等方面。各地开始逐步推进海洋生物医药产业与现代信息技术融合发展，在海洋生物基因库、信息中心等大数据平台以及在新药研发和市场分析方面利用现代信息技术推动海洋生物医药产业发展。粤港澳大湾区应利用现代信息技术建设高效的海洋药物与生物制品研究技术管理平台和孵化推广基地，推动海洋生物药品技术研发、基金支持、市场需求和人才支撑的软实力不断增强，让产业加快跨

越孕育期，实现高质量、高附加值的快速发展。

专栏 7　青岛综合性国家海洋基因库

---

　　作为目前全球唯一在建的综合性国家海洋基因库，青岛综合性国家海洋基因库为粤港澳大湾区海洋生物医药产业与现代信息技术融合发展提供了典例。该基因库拥有全国先进的超低温自动化冷库，用于储存样本以及生物遗传资源，通过数据库的建设为大数据研究、物种基因信息解读以及基因合成与运用提供了数据支撑。建立的数据库也为海洋生物大科学提供了高效的生物信息数据处理和应用系统，可满足 5PB 的数据储存以及全天候数据访问能力。目前该基因库海洋生物样本储量 20 余万份。在基因测序方面，青岛华大智造研发生产基地拥有被称为"超级生命计算机"的超高通量基因测序仪，日产出数据达 6TB。一个人的高质量全基因组数据量大约为 100G，这意味着该测序仪一天可以测六七十人的全基因组数据。测序平台取得的成果意味着解码海洋生物物种基因信息的步伐进一步加快，这也为利用基因合成海洋生物医药、服务精准医学等产业发展提供了更多可能。在基因编辑与应用方面，合成平台的年合成通量达 25Mb，尤其是水生生物编辑育种的软、硬件能力已处于国内先进水平。

---

## 四、海洋生物医药产业向大健康领域发展布局

　　海洋生物医药的研发周期长、资金投入大，且研发存在不确定性，面临着很高的研发风险，需要企业进行大量的资源投入。因此，短时间内无法深度投入发展海洋生物医药产业的企业可将目光放到大健康领域，在大健康领域发展一段时间，积累一定的资金、研发等各种资源后，再转向布局海洋生物医药产业的投入研发。目前，大健康融合领域相较于医药领域监管较为宽松，且市场的受众更广，如深海鱼油等保健品来自深海，污染程度不高，并且是陆地资源所难以取代的，所针对的目标客户群体更大。同时大健康领域的研发周期更短、成本更低、获取的投资回报率更高，因此海洋生物医药产业企业可以先布局大健康领域，重点布局化妆品、保健品、日化等市场受众多的领域。药品的上市一般需 10～15 年的时间成本，而化妆品和保健品只需要 3～5 年，其潜在的市场价值虽然没有海洋生物药品高，但由于其面向的消费群体人数更多，潜在市场价值也不容小觑。截至2021 年 3 月，已获批的国产保健食品 17 774 种，进口 854 种，其中海洋水产保健

品为1 847种，占总数的9.92%。据海洋保健品申报单位地域分布情况统计，广东、北京、山东共占41.9%，浙江、上海、江苏共占18.56%。

# 第六节　海洋生物医药产业融合发展路径

粤港澳大湾区可利用特有的区位优势、政策优势以及资源优势，推进企业与科研院所合作，提高科研实力，加大对海洋生物医药人才的培养与招引，打造具有国际竞争力、创新力、影响力的海洋经济发展高地。

一是要加速发展海洋药物与生物制品产业。鼓励积极开发海洋生物制品、保健品及食品，同时支持替代进口的海洋药物技术和产品研发，以推动产业创新。同时，不断完善生物医药产业的研发、中试、检测、检验、应用、生产及反馈链条，着力推动海洋生物医药产业中试服务平台的建设。鼓励企业联动科研机构开展海洋药物与生物制品研究，打造海洋药物和海洋生物制品创新高地。

二是要持续推动发展具有自主知识产权的海洋生物技术。继续支持大湾区有关科研机构和南方海洋科学与工程广东省实验室（广州、珠海、湛江）等具备基础和优势的国家和省实验室，开展相关基础研究、应用研究、核心技术攻关，推动海洋生物医药等交叉学科、行业领域的科技创新。鼓励企业联动科研机构进行海洋生物药物和生物制品关键核心技术攻关，不断缩小与美国等发达国家的技术差距，针对海洋生物医药企业给予更多政策倾斜以及研发补贴，激励海洋生物医药企业进行研发生产。

三是要加快推进海洋及生物医药领域重大科技基础设施建设。积极争取在海洋生物医药领域组建一批国家工程研究中心和国家企业技术中心、省级工程研究中心等相关产业创新平台。重点培育海洋生物医药领域的龙头骨干企业，努力打造具有国际竞争力的海洋生物医药企业，鼓励企业加强国际合作，提升自身科研实力，进一步推动行业的快速发展，为大湾区乃至广东海洋生物医药产业创新发展提供有力支撑。

四是要加强涉海高校和职业院校建设。高起点创建深圳海洋大学、广州交通大学，加大经费投入支持力度，强化涉海重点学科专业建设和人才培养，推进相关高校开展海洋科技创新。创新博士、博士后人才培养、引进、激励机制，搭建更多、更优、更广的博士后创新创业平台，重视海洋生物医药人才的培养和引进工作，加快培育一支适应广东海洋生物医药产业体系发展要求的优秀青年人才队伍，大力推进人力资源服务业高质量发展，吸引海洋生物医药人才在内的高层次人才融入大湾区经济社会发展。

五是要优化海洋生物医药企业知识产权公共信息服务。推动海洋生物医药企业知识产权转化，推动海洋生物医药产业知识产权协同运营，继续做好海洋生物医药产业知识产权保护工作，进一步优化海洋生物医药相关产品注册上市流程。

# 第四章 涉海传统制造业与新兴服务业
# 融合发展案例研究

粤港澳大湾区的海洋产业具有广阔的发展前景，该地区拥有丰富的海洋资源，优越的区位条件，海域面积达 20 176 平方千米，大陆岸线长 1 479.9 千米，海岛 1 121 个，为海洋经济的蓬勃发展提供了良好的条件。船舶建造、海洋工程、海洋能源等传统制造业在海洋经济中扮演着重要的角色，信息技术、人工智能、金融科技等新兴服务业正成为大湾区经济增长的引擎，随着经济的转型和科技的进步，粤港澳大湾区涉海传统制造业与新兴服务业的融合发展可以带来更多的创新和增值机会。

在粤港澳大湾区，一些成功的案例研究已经出现。例如，在智能制造领域，传统制造企业通过引入先进的自动化和机器人技术，实现了生产效率的提升和产品质量的提高；还通过与信息技术公司合作，开发了智能化的解决方案。在金融科技领域，大湾区内的金融机构与科技公司合作，推动了跨境支付、智能投资和风险管理等领域的创新，这种融合发展不仅有助于提高金融服务的效率和便利性，还能够促进区域间的经济合作和交流。大湾区涉海传统制造业与新兴服务业通过不断创新和合作，可以实现产业的升级和转型，推动区域经济的可持续发展。基于此，本章将对粤港澳大湾区涉海传统制造业与新兴服务业融合发展案例进行研究。

## 第一节　涉海传统制造业与新兴服务业融合发展现状

近年来，各级政府为深入贯彻落实《粤港澳大湾区发展规划纲要》，聚力搭建区域海洋经济合作平台，不断推动粤港澳三地制度规则的衔接，加快推进三地的海洋资源融合，打造优势互补、高质量发展区域海洋经济格局。在此背景下，粤港澳大湾区海洋经济发展势头良好，海洋经济初具规模，产业结构不断优化，传统海洋制造业和新兴服务产业正在逐步走向融合。

## 一、粤港澳大湾区海洋经济产业结构与区域分布现状

粤港澳大湾区海洋产业结构不断优化。经过多年发展，以海洋渔业、海洋交通运输业、海洋旅游业为主的传统产业正在逐步转型升级，以海洋船舶与工程装备制造业、海洋生物医药产业为代表的战略新兴制造产业和以海洋信息服务、海洋金融服务为代表的现代服务业发展速度逐渐加快，比重不断提高，加快了以互利共赢为基础的海洋服务业融合发展。以被国家赋予建设"全球海洋中心城市"历史使命的深圳为例，2020 年全市海洋第一产业、第二产业、第三产业增加值占海洋生产总值的比重大约为 0.2%、30.6% 和 69.2%。

粤港澳大湾区海洋产业呈现出区域合作互补性。根据海洋经济调查数据，从企业区域分布来看，相关涉海内地企业主要集中于深圳、广州、东莞，其次为中山、珠海等地；从行业分布来看，海洋旅游企业数量最多，海洋交通运输业和船舶制造业次之，海洋新兴行业如海洋生物医药等的比重则相对较小。当前，粤港澳地区依托各自的海洋资源优势，已初步建立起相应的海洋产业体系。湾区内各城市的海洋产业都各具特色，其产业梯度差异和地域分工差异明显，这使得各地区海洋经济联系密切，拥有一定的合作空间。如表 4－1 所示，珠三角九市海洋经济发展以海洋第一产业、第二产业为主，如海洋渔业、海洋能源、海洋船舶工程装备制造业等；澳门和香港则是以海洋第三产业为主，例如澳门自 2018 年陆续推出"海上游"、滨海水上观光等新旅游休闲项目，吸引了众多国内外游客；并与广东共建了中医药科技产业园，具有发展海洋生物医药的雄厚科研实力，在海洋旅游业和海洋生物医药业方面具有独特竞争优势。香港则在港口物流航运业、金融

保险业、法律仲裁及其他涉海专业服务等方面有着明显优势，拥有世界级的船舶租赁、航运金融、海事法律等服务体系，对全球航运市场具有重要影响。整体而言，目前大湾区海洋产业已初步形成了以广深港澳为核心，珠江西岸集中分布海洋工程装备制造业、海洋生物医药业，珠江东岸集中分布海洋电子信息业和涉海金融服务业等，全域发展海洋旅游业的产业格局。

表 4-1　粤港澳大湾区各城市主要涉海产业

| 城市 | 产业类别 | 产业标签 | 具体主要涉海产业 |
|---|---|---|---|
| 香港 | 新兴服务业 | 金融业、服务业 | 港口仓储物流、海洋金融、海洋旅游 |
| 澳门 | 新兴服务业 | 服务业 | 海洋旅游、海洋生物医药 |
| 深圳 | 传统制造业和新兴服务业 | 制造业、金融业、信息技术服务业 | 海洋船舶工程装备制造、海洋金融、海洋信息软件服务、海洋交通运输业、海洋生物医药 |
| 广州 | 传统制造业和新兴服务业 | 信息技术服务业、医疗健康、金融业 | 海洋电子信息、海洋生物医药、海洋金融、海洋交通运输业 |
| 东莞 | 传统制造业和新兴服务业 | 信息技术服务业、制造业 | 海洋电子信息、海洋工程装备制造 |
| 珠海 | 传统制造业和新兴服务业 | 信息技术服务业、制造业、医疗健康 | 海洋电子信息、海洋生物医药、海洋能源、海洋工程装备制造 |
| 中山 | 传统制造业和新兴服务业 | 信息技术服务业、制造业 | 海洋工程装备制造、海洋电子信息 |
| 惠州 | 传统产业 | 渔业、能源业 | 海洋渔业、海洋能源 |
| 佛山 | 传统制造业和新兴服务业 | 制造业、信息技术服务业、渔业 | 海洋船舶与工程装备制造、海洋电子信息、海洋渔业 |
| 江门 | 传统产业 | 制造业、渔业 | 海洋能源及装备、海洋渔业 |
| 肇庆 | 传统产业 | 制造业、渔业 | 海洋工程装备制造、海洋渔业 |

资料来源：亿欧智库。

## （一）海洋传统产业

### 1. 海洋渔业

粤港澳大湾区的海洋渔业资源主要分布在珠三角九市，珠三角九市的海洋渔业凭借其丰富的海洋生物资源、发达的渔业产业体系、优越的地理位置和港口体系、国家政策扶持，海洋渔业总产值稳步增长，并初具规模（见图4-1）。2021年珠三角九市渔业总产值达853.8亿元，同比增长10.7%。其中江门、佛山和广州三市海洋渔业产值均超过了100亿元，分别达到222.1亿元、170.8亿元、123.7亿元；惠州、东莞、中山、江门渔业总产值同比增速最快，分别达到99.2%、16.3%、14.2%、12.0%。近年来，大湾区海洋渔业市场在产业结构上呈现出由传统捕捞业向养殖业、远洋渔业、水产品加工和海洋休闲渔业等多元化发展的趋势。特别是在环保政策和资源约束的影响下，养殖业和远洋渔业逐渐成为产业发展的重点。

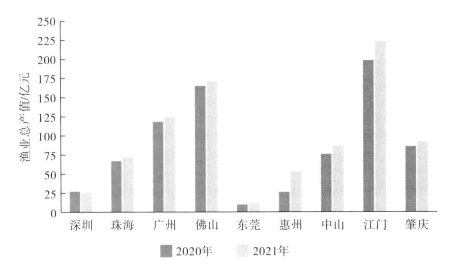

**图4-1　2020—2021年珠三角九市海洋渔业总产值**

资料来源：《广东省统计年鉴2022》。

2. 海洋交通运输业

粤港澳大湾区海洋交通运输产业在全球范围内具有重要地位。目前，广州、深圳、珠海、东莞等4个位于珠江两岸的港口已迈入亿吨大港行列，广州港和深圳港集装箱吞吐量跻身全球前列，航线覆盖世界各个国家的主要港口，以粤港澳大湾区为核心的世界级港口群正加速形成。目前，粤港澳大湾区已初步形成以香港港、广州港、深圳港三港为核心，以东莞、佛山、珠海等周边港口为支撑的发展格局。粤港澳大湾区港口发展各具特色，差异化特征明显。香港港现代航运服务业发达，是世界著名的国际航运中心。广州港是国家综合运输体系的重要枢纽，粤港澳大湾区的核心枢纽港，也是我国最大的内贸集装箱、滚装枢纽港。深圳港集装箱以外贸运输为主,是沿海主要港口。近年来,香港港在延续低迷的生产形势和港口竞争越来越大的影响下,连续五年集装箱吞吐量呈现负增长趋势。与之相反的是,广州港和深圳港发展迅速。2022 年深圳港、广州港集装箱吞吐量在全球前五中占据双席。其中深圳港在 2022 年正式突破 3 000 万标箱吞吐量大关,港口腹地范围内航线航班密度逐年增大,带动整体区域集装箱吞吐量增长,在港口群内市场份额上升。

3. 海洋旅游业

大湾区海洋旅游业在区域经济发展中具有重要的产业地位,主要集中在珠江三角洲地区以及香港和澳门特别行政区。这些地区拥有丰富的海洋资源,如海滩、岛屿、海洋生态等,为海洋旅游业的发展提供了得天独厚的条件。近年来,大湾区海洋旅游业产业结构转型升级取得了显著成效,主要体现在以下几个方面:一是从单一观光向多元化旅游发展。过去,大湾区海洋旅游业主要以观光为主,而现在逐渐向多元化发展,包括休闲度假、文化体验、体育旅游等。二是海洋旅游产品创新。大湾区海洋旅游业不断创新旅游产品,如游艇旅游、帆船旅游、海钓旅游等。此外,还有许多富有特色的旅游项目,如珠海的横琴岛海上世界、深圳的大梅沙和小梅沙等。三是旅游配套设施完善。大湾区海洋旅游业积极完善旅游配套设施,如旅游交通、住宿、餐饮等。许多城市和地区都在加快海洋旅游基础设施建设,致力提高旅游服务水平。四是智慧旅游发展。随着互联网、大数据等技术的发展,大湾区海洋旅游业逐渐向智慧旅游转型。例如,通过手机 APP、VR 等技术浏览旅游信息、预订旅游产品等便捷服务。五是海洋旅游产业融合。大湾区海洋旅游业与其他产业如文化、体育、科技等深度融合,形成了一批跨界旅游产品。如澳门的威尼斯人酒店,结合了博彩、购物、餐饮、娱乐等多种功能,为游客提供一站式度假体验。综上所述,大湾区海洋旅游业转型升级取得了积极成果,旅游产品和服务日益丰富,产业竞争力不断提升。

## (二)海洋战略新兴制造产业

1. 海洋船舶与工程装备制造业

近年来,随着国家及广东省政府出台了一系列政策措施,支持粤港澳大湾区海洋船舶与工程装备制造业的发展,包括税收优惠、金融支持、研发补贴等,大湾区海洋船舶与工程装备制造业的产业规模显著扩大,技术水平迅速提高,形成了一批具有国际竞争力的企业，如中国船舶重工集团、中远海运集团、广州广船国际股份有限公司等。其中，佛山市海洋船舶与工程装备制造优势突出。根据《广东海洋经济发展报告（2023）》，佛山市"海上自升式平台升降系统及其服务技术""高效可靠自升式海上风电安装平台及其成套服务技术"达到国内先进标准；国内首座油电混合动力的海上风电安装平台"精铟03"号建造完成，正式转入码头调试、系泊试验阶段；佛山市首批 LNG 动力改造船舶交付开航；佛山市载重吨位最大的沿海运输船舶"泓富32"正式开航。此外，佛山市成功创建省级全域旅游示范区，加入"海上丝绸之路保护和联合申报世界文化遗产城市联盟"。综上所述，可见大湾区海洋船舶与工程装备制造业现已呈现出与旅游业融合发展趋势。此外，大湾区海洋船舶与工程装备制造业产品结构不断优化，从传统的船舶制造向海洋工程装备、海洋新能源等领域拓展，特别是在海洋工程装备领域，如海洋石油钻井平台、深海作业设备等，已具备较强的国际竞争力。

2. 海洋生物医药产业

海洋生物医药产业在大湾区具有重要地位，是广东省重点支持的海洋经济发展领域之一，广州、深圳等地政府积极推动该产业发展，提供资金支持、优惠政策和研发合作平台等方式，鼓励企业和科研机构在海洋生物医药领域进行创新研究和产业化转化，涌现出一些国内影响力较大的企业和机构。例如，目前落户广州南沙的生物医药企业已经超过 300 家，南沙已形成生物谷、健康谷、医谷等生物科技产业发展集聚区。据统计，截至 2020 年底，广东、香港和澳门生物医药行业整体营收已超 5 500 亿元人民币，预计在 2025 年突破 10 000 亿元。虽然目前该产业还处于初级发展阶段，但产业结构多样化，整个产业链条包括研发、生产、销售和服务等环节。这种多元化的结构有助于提升产业的创新能力、竞争力和可持续发展能力，为大湾区海洋生物医药产业的长期发展奠定了坚实基础。

## （三）海洋现代服务业

1. 海洋信息服务业

海洋信息服务业是海洋经济增长的倍增器、产业升级的助推器和发展方式的转换器。它是指通过收集、处理和分析海洋相关的数据和信息，为决策者、研究人员和企业提供有关海洋资源、环境和气象等方面的专业服务。目前，粤港澳大湾区海洋信息服务业主要集中在深圳、广州、香港、澳门等地，其中以云洲智能、紫燕无人机等公司为代表的具有高科技含量的海洋新兴企业达到 400 余家。此外，大湾区的其他城市和地区也在不同程度上参与海洋信息服务业的发展，例如珠海、佛山、中山等地。这些城市通过加强与核心城市的合作和产业联动，共同推动大湾区海洋信息服务业的区域发展。

总体而言，大湾区海洋信息服务业的区域分布具有多中心特点，核心城市如深圳、广州、香港以及其他城市和地区相互协作，形成优势互补，共同推动海洋信息服务业的发展。

2. 海洋金融服务业

大湾区海洋金融服务业区域分布呈现多元化特征。海洋金融服务业主要集中在广州南沙区、深圳罗湖区，未来将在更多领域发挥重要作用。广州南沙区积极打造航运金融服务集聚区。自贸区挂牌以来，南沙区建立了"广州航运交易所"和"广州航运交易有限公司"两大航运金融综合服务平台，并于 2016 年 5 月设立了总规模为 50 亿元的"广州南沙航运产业投资基金"。同时，南沙加大力度培育航运产业基金、航运保险、航运融资租赁、航运支付结算等航运金融服务产品，吸引了 2 208 家融资租赁企业落户南沙，注册资金总额超 5 000 亿元；深圳罗湖区致力于建设粤港澳大湾区金融服务中心。据罗湖区委宣传部公布的数据，过去 5 年，罗湖金融业一直保持 8% 以上的增长速度。2023 年金融业增加值突破千亿元，占区 GDP 比重约四成；金融总资产超 6 万亿元，约占深圳市的 1/3。红岭新兴金融产业带规划发布，该产业带将划分三个功能区，分别是北部金融科技与创新创业区、中部新兴金融要素区、南部金融总部商业区，并设有艺术体验核心区、时尚街区核心区、文化枢纽核心区三大配套区。

大湾区海洋金融服务业的产业结构涵盖多个细分领域。主要包括以下几个方面：一是滨海旅游业。近年来，随着旅游业的快速发展，海洋金融服务也逐渐向旅游业延伸，为游客提供更加便捷的金融服务。二是航运物流业。大湾区是中国重要的航运中心之一，海洋金融服务也为航运物流业提供了重要的支持。海洋金融服务可以为航运企业提供船舶融资、货运保险等服务，同时也可以为物流企业提供物流信息管理、供应链金融等服务。三是海洋科技业和海洋能源业。大湾区是中国海洋科技的重要研发中心之一，海洋金融服务也为海洋科技业和海洋能源业提供了重要的支持，如向海洋科技企业、海洋能源企业提供融资、并购、上市等服务，同时也可以为其提供风险管理、资产管理等服务。

## 二、涉海传统制造业与新兴服务业融合发展现状及趋势

近年来，粤港澳大湾区涉海传统制造业与新兴服务业呈现出良好的融合发展的态势，一是有利于促进传统海洋产业转型升级，推动传统海洋产业向技术研发、产品设计等中高端环节延伸；二是有利于培育海洋领域新增长点，通过海洋领域智慧化应用场景和海洋基础设施建设硬件配套带动海洋电子信息研发制造，促进工业化＋信息化在海洋领域的深度融合，促进海洋智能化；三是有利于强化海洋领域产研融合，支持海洋企业加大技术改造和研发力度，加快构建以企业为主体、以市场为导向、产学研结合的技术创新体系，促进海洋科技领域资源共享及创新要素高效配置，提升海洋科技成果转移转化能力，为区域经济发展注入新的活力。

### （一）产业链上下游整合逐渐加强

涉海传统制造业与新兴服务业之间的产业链整合逐渐加强，制造业企业向服务业延伸，服务业企业向制造业拓展，形成产业链上下游协同发展的格局。例如，船舶制造企业逐渐向船舶维修、拆解、租赁等服务业领域延伸，形成完整的海洋产业生态链。

### （二）科技创新协同化趋势增强

涉海制造业和服务业通过"互联网＋海洋"等新技术、新载体、新业态助力产业融合发展。例如，海洋工程装备制造企业通过引入数字化、智能化技术，实现从传统制造向智能制造的转型，提升生产效率和服务质量。粤港澳大湾区涉海传统制造业和新兴服务业具有较强的产业融合诉求和潜力。例如，香港和澳门在基础研发实力、科研队伍等方面具备海洋科技优势，两地加快与珠三角九市海洋制造业的融合发展，是大湾区实现高效协同营造海洋科技创新生态的一种手段，也是兼顾海洋基础创新与应用创新、促进海洋经济合作、实现海洋创新链与产业链双链融合的关键。

### （三）产业平台建设提供融合基础

粤港澳大湾区通过建设海洋产业集聚区、海洋科技创新走廊等平台，推动涉

海传统制造业与新兴服务业融合发展。这些平台为企业提供了一个资源共享、技术交流、市场拓展的良好环境，有利于产业融合的深入推进。

### （四）　市场需求升级提供融合动力

随着国内外市场对海洋产品的需求不断增长，涉海制造业与新兴服务业需紧密协作，共同满足市场需求。例如，海洋食品加工业需要依赖海洋渔业、养殖业等原材料供应，同时还需要冷链物流、电商平台等服务业的支持，以实现产品的快速流通和销售。

总体而言，粤港澳大湾区涉海传统制造业与新兴服务业呈现出良好的融合发展态势，有利于产业升级、优化结构、提高竞争力，为区域经济发展注入新的活力。

# 第二节　涉海传统制造业与新兴服务业融合发展现存问题

制造业与服务业的融合发展是工业化发展的必然产物，已经成为推动产业升级的重要驱动力，是现代产业发展的主流趋势。在大湾区海洋经济发展中，涉海传统制造业与新兴服务业的融合发展是促进产业升级的重要途径，但目前在体制机制、技术能力、要素供给、产业结构等方面存在的问题，一定程度上制约了粤港澳大湾区涉海传统制造业与新兴服务业融合发展的步伐，影响了大湾区海洋产业结构优化和整体竞争力的提升。但这些问题并非大湾区特有的现象，而是全国范围内涉海传统制造业与新兴服务业融合发展的共性问题。因此，亟须思考如何解决这些问题以实现大湾区产业转型升级，提升产业融合核心竞争力。

## 一、体制机制差异

### （一）　管理体制差异

涉海传统制造业通常受到较为严格的管理体制和政策约束，例如在项目审批、土地使用、环保要求等方面受限。而新兴服务业在这方面相对较为宽松，更注重市场机制的作用。例如，在香港和澳门，金融、旅游等新兴服务业的发展相对自由，而传统制造业则受到较多的政策约束。

## （二）产业政策差异

涉海传统制造业通常得到产业政策的扶持和保护，例如税收优惠、技术研发支持等。而新兴服务业的发展则更多地依赖于市场需求和创新驱动。例如，在我国内地的一些城市，政府对新兴服务业的支持主要体现在人才引进、创新创业环境建设等方面。

## （三）创新要求差异

涉海传统制造业通常以成熟技术为主，技术更新速度相对较慢，而新兴服务业更注重技术创新和应用。例如，在大湾区海洋信息工程、海洋可再生能源等新兴服务业领域不断涌现出新的技术和应用，而传统制造业如海洋船舶制造、海洋石油化工等的技术更新相对较慢。

## （四）合作模式差异

涉海传统制造业更倾向于产业链上下游的垂直整合，例如海洋船舶制造与海洋工程服务业之间的合作。而新兴服务业更注重跨界合作和平台搭建，例如海洋科技服务业与金融、旅游等产业的融合发展。举例来说，珠海通过政策扶持、资金投入等手段鼓励船舶制造企业与海洋信息技术企业合作，推动产业链上下游整合，形成了以船舶制造为基础、海洋信息技术为支撑的产业发展格局，政府在此过程中发挥了引导和推动作用；而在香港，新兴服务业如海洋金融、海洋旅游等产业的发展相对成熟，政府则主要通过优化监管体制、提供优惠政策等手段，进一步促进产业的发展和创新。

# 二、技术存在壁垒

## （一）技术成熟度不同

涉海传统制造业的技术通常已经比较成熟，而新兴服务业的技术尚在不断发展和完善中。例如，在海洋船舶制造领域，船舶设计、制造工艺等已经形成了较为成熟的技术体系，而海洋信息技术、海洋可再生能源等领域仍在不断探索和发展。

## （二）　技术标准不同

涉海传统制造业通常有明确的技术标准和规范，而新兴服务业的技术标准和规范尚不完善。例如，在海洋观测与监测领域，虽然已经制定了一些技术标准，但仍然存在部分技术指标不明确、数据共享难等问题，影响了新兴服务业的发展。

## （三）　数据共享障碍

涉海传统制造业与新兴服务业之间的技术交流与合作存在一定的障碍，传统制造业和新兴服务业在数据存储、处理、共享等方面的要求不同，数据难以有效实现共享和协同，影响了产业的融合发展。例如，在海洋船舶制造与海洋工程服务业之间，由于技术领域、应用场景等方面的差异，双方在技术交流与合作方面存在一定的难度。

# 三、要素供给不足

## （一）　技术创新要素不足

在涉海传统制造业与新兴服务业融合发展过程中，技术创新是关键要素。然而，大湾区海洋产业技术创新能力相对较弱，还不够强大，制约了产业融合发展的深度和广度。例如，数据采集与处理技术、海洋环境监测技术、海洋信息技术、海洋环保技术等新兴服务业领域的技术创新相对滞后，影响了大湾区涉海传统制造业与现代服务业之间产业链的整合和发展。

## （二）　人才要素不足

大湾区涉海传统制造业与新兴服务业融合发展需要既掌握海洋科学知识又具备信息技术技能的跨学科人才。然而，目前大湾区海洋产业人才储备不足，尤其是在新兴服务业领域和高端人才方面，人才短缺已成为制约产业融合发展的瓶颈。例如，海洋信息技术、海洋文化创意等领域的高素质人才较为匮乏，导致这些领域与涉海传统制造业的融合发展受到限制。

## （三） 资金要素不足

在涉海传统制造业与新兴服务业融合发展过程中，资金投入是重要保障。然而，大湾区海洋产业融资渠道相对有限，企业融资难、融资贵等问题较为突出。例如，新兴服务业企业往往面临较大的融资压力，在产业融合发展的过程中缺乏足够的资金支持。

# 四、产业结构不优

## （一） 产业结构较为单一

大湾区涉海传统制造业与新兴服务业融合发展过程中，多数地区依赖传统制造业和资源开发。尽管大湾区政府积极推动海洋渔业转型升级，但部分地区的海洋渔业仍以传统捕捞为主，产业链较短，附加值较低；与此同时，新兴服务业发展相对滞后，如海洋休闲旅游、海洋文化创意等领域的发展水平和规模与先进地区相比仍有较大差距。

## （二） 产业核心竞争力不强

大湾区涉海传统制造业与新兴服务业融合发展过程中，产业缺乏核心竞争力。虽然大湾区海洋工程装备制造业取得了一定发展，但整体上仍处于产业链中低端，技术创新能力不足，产品同质化竞争严重，影响了产业结构优化。

## （三） 协同效应不够明显

大湾区在海洋科技、海洋金融等领域的协同效应尚不明显，各地之间的合作仍存在机制不畅、资源共享不足等问题，影响了产业结构的优化。

## 第三节  涉海传统制造业与新兴服务业
## 融合发展的机遇与挑战

### 一、机遇

#### （一）国际机遇

一是全球化进程的加速为大湾区涉海传统制造业与新兴服务业提供了更广阔的市场空间，有利于产业融合发展；二是国际海洋科技创新为粤港澳大湾区涉海传统制造业与新兴服务业融合发展提供了技术支持，有助于提升产业结构；三是随着"一带一路"倡议等国际合作的深化，大湾区涉海传统制造业与新兴服务业有望与国际市场进一步对接，实现互利共赢。

#### （二）国内机遇

一是国家政策的有力支持。近年来，政府为鼓励海洋经济发展，推出了一系列政策文件（见表4-2），明确了大湾区海洋经济发展的战略定位、发展目标、空间布局和重点任务，强调要推动海洋经济产业融合，为大湾区涉海传统制造业与新兴服务业融合发展提供了政策支持。二是顺应市场需求升级。随着消费者对产品和服务的需求不断升级，涉海传统制造业与新兴服务业的融合发展能够提供更加多样化、个性化的产品和服务，满足消费者的高品质需求。涉海传统制造业与新兴服务业在市场中具有相互补充的特点，融合发展能够实现优势互补，拓展市场空间，提高市场占有率。三是符合区域协同发展战略。大湾区涉海传统制造业与新兴服务业的融合发展有助于推动区域间产业协同，实现区域经济协调发展，提高整个大湾区经济的整体竞争力。四是顺应"以国内大循环为主体、国内国际双循环相互促进"的新发展格局。粤港澳大湾区是国内市场规则体系与国际高标准市场规则体系对接的区域之一，有利于我国对内引领统一大市场建设，对外扩大开放水平，增强国内国际两个市场两种资源的联动效应。

表 4 – 2    2016—2021 年海洋经济政策

| 年份 | 政策名称 | 相关内容 |
|---|---|---|
| 2024 | 《中共中央关于进一步全面深化改革　推进中国式现代化的决定》 | 提出要完善促进海洋经济发展体制机制、健全海洋资源开发保护制度、健全维护海洋权益机制 |
| 2022 | 《关于支持山东深化新旧动能转换　推动绿色低碳高质量发展的意见》 | 强调大力发展海洋特色新兴产业集群。促进海洋生物医药创新，实施现代渔业"蓝色良种"工程；打造集成风能开发、氢能利用、海水淡化及海洋牧场建设等的海上"能源岛"；建设国家海洋综合试验场（威海），实施智慧海洋工程 |
| 2021 | 《广东省海洋经济发展"十四五"规划》 | 明确提出要持续深化粤港澳海洋经济合作，主动融入国内国际双循环，积极参与全球海洋经济合作和海洋治理，构建具有国际竞争力的现代海洋产业体系；加速发展海上风电、海洋工程装备、海洋药物与生物制品等 7 大海洋新兴产业，推动现代海洋渔业等 4 大优势传统海洋产业转型升级，优化拓展海洋旅游等 3 大海洋服务业，激发海洋产业数字化新活力 |
| 2021 | 《中华人民共和国第十四个五年规划和 2035 年远景目标纲要》 | 设置"海洋"专章（第三十三章）——积极拓展海洋经济发展空间，提出建设一批高质量海洋经济发展示范区和特色化海洋产业集群 |
| 2019 | 《粤港澳大湾区发展规划纲要》 | 明确提出要推动大湾区海洋经济产业融合，促进海洋新兴产业、海洋服务业、海洋传统产业协同发展，加强产业链整合，提升整体竞争力 |
| 2019 | 《中共中央　国务院关于支持深圳建设中国特色社会主义先行示范区的意见》 | 明确提出要支持深圳发挥其在海洋新兴产业、海洋科技研发和海洋金融服务等方面的优势，推动大湾区海洋经济产业发展 |
| 2018 | 《关于发展海洋经济　加快建设海洋强国工作情况的报告》 | 提出要将推动海洋经济发展和海洋强国建设融入重大战略，不断拓展优化海洋经济空间布局；加强海洋强国建设顶层设计、加快海洋产业转型升级、落实科技兴海战略、完善海洋法律法规体系，推动海洋强国建设不断取得新成就 |

（续上表）

| 年份 | 政策名称 | 相关内容 |
|------|----------|----------|
| 2018 | 《关于改进和加强海洋经济发展金融服务的指导意见》 | 紧紧围绕推动海洋经济高质量发展，明确了银行、证券、保险、多元化融资等领域的支持重点和方向；鼓励银行业金融机构围绕全国海洋经济发展规划，优化信贷投向和结构，支持海洋经济一、二、三产业重点领域加快发展 |
| 2017 | 《广东省沿海经济带综合发展规划（2017—2030年）》 | 提出要发挥广东省海洋资源优势，推动海洋经济转型升级，加强与大湾区其他城市的合作，促进区域海洋经济协同发展 |
| 2017 | 《全国海洋经济发展"十三五"规划》 | 强调要优化海洋产业结构，提高海洋科技创新能力，加强海洋生态文明建设，推动海洋经济可持续发展，为大湾区海洋经济产业融合提供了发展方向和政策支持 |

资料来源：笔者根据公开资料整理。

### （三）粤港澳大湾区机遇

一是区域优势。大湾区地理位置优越，拥有丰富的海洋资源，融合发展有助于大湾区涉海产业与国际市场对接，吸引更多国际合作项目，提升我国在全球海洋经济中的地位和影响力。二是技术创新优势。大湾区高端制造业和现代服务业基础好，有利于涉海传统制造业与新兴服务业融合发展。新兴服务业能为涉海传统制造业提供技术创新，帮助涉海传统制造业实现产业升级。例如，新兴的信息技术、人工智能、大数据等可以为涉海传统制造业提供智能化的解决方案，提高生产效率和产品质量。

## 二、挑战

### （一）国际挑战

一是贸易保护主义抬头。近年来，一些国家实行贸易保护主义政策，可能对大湾区涉海传统制造业与新兴服务业融合发展产生不利影响，例如限制技术输出、提高市场准入门槛等。二是国际标准对接困难。粤港澳大湾区涉海传统制造业与新兴服务业融合发展需要遵循国际标准和规范，在国际市场接轨过程中面临标准认证、技术法规等方面的挑战。

### （二） 国内挑战

一是制度创新不足。在推进粤港澳大湾区涉海传统制造业与新兴服务业融合发展的过程中，可能会遇到制度创新不足的问题，如政策支持不够、监管体制不适应等。二是创新能力不足。国内新兴服务业的技术研发水平相对较低，基础研究缺乏重大原始创新成果，一定程度上影响其与涉海传统制造业的融合发展。三是市场培育不足。大湾区涉海传统制造业与新兴服务业融合发展的市场环境尚不成熟，可能面临市场培育不足的挑战，如消费者对新产品的接受度不高、市场推广难度大等。

### （三） 粤港澳大湾区内部挑战

一是行政壁垒。大湾区涉及多个城市和地区，不同地方政府之间可能存在行政壁垒，导致资源配置不均、产业对接不畅。例如，各地在涉海产业政策、资金投入、基础设施建设等方面可能存在竞争，导致重复建设和资源浪费。二是人才流动障碍。港澳人才在内地的工作、生活待遇和福利方面与港澳地区存在差异，影响人才在大湾区内部的流动和共享。三是产业链不完整。大湾区涉海产业链上下游企业可能分布在不同城市，一定程度上影响产业融合发展。例如，涉海传统制造业的核心零部件生产主要分布在深圳、东莞等城市，而新兴服务业则集中在广州、香港等城市，这导致产业链上下游对接不畅，影响整体竞争力。四是基础设施互联互通不足。大湾区涉及多个城市和地区，内部交通、能源等基础设施的对接和互联互通尚不完善，可能导致涉海传统制造业与新兴服务业协同发展受限，进而影响产业融合发展的整体效率。五是政策执行力度差异。大湾区涉海传统制造业与新兴服务业融合发展的政策在不同城市得到不同程度的落实，从而影响整体政策的实施效果。六是生态环境约束。大湾区涉海传统制造业与新兴服务业融合发展需要考虑生态环境保护，如何在发展经济的同时保护海洋生态环境，是一个亟待解决的挑战。

## 第四节　国内外典型案例分析与发展经验

借鉴国外典型案例与经验，对于粤港澳大湾区在明确发展方向、优化产业结构、促进技术创新、提升政策水平、增强区域协同、培养人才队伍等方面推进涉海传统制造业与新兴服务业融合发展具有重要意义。本节将对国外三大湾区——东京湾区、纽约湾区和旧金山湾区进行案例分析，为大湾区推进涉海传统制造业与新兴服务业融合发展提供经验借鉴。

### 一、东京湾区案例分析

#### （一）基本概况

东京湾区是日本最大的湾区，总面积约为 1.36 平方千米，也是日本国内最大的核心都市区。截至 2021 年，东京湾区共有 3 686 万人口，占日本全国人口的近 30%。东京湾区也是全球经济最发达的湾区之一，以东京都、横滨、千叶、川崎等城市为核心，涵盖了制造业、服务业、金融业等多个产业领域，拥有世界著名的企业和高等院校，如丰田、索尼、东京大学等。

东京湾区的地理位置优越。东京湾区地处日本本州岛中部，濒临太平洋，拥有东京港、千叶港、川崎港、横滨港、横须贺港和木更津港六个优良港湾，这六个港口承担起了东京湾区繁华的港口经济重任，年吞吐量超过 5 亿吨，便于国际贸易和物流运输。经过多年的发展，这六大港口的职能分工越来越明显，各港口优势互补，形成了一个复杂的多功能综合体，承担着不同的职能。此外，东京湾区还拥有完善的交通网络，包括国际航线、新干线、高速公路、地铁、轻轨等多种交通方式，使其成为日本乃至全球重要的交通枢纽。

表 4 – 3　东京湾区六大港口职能分工情况

| 港口 | 基础条件 | 职能 |
|---|---|---|
| 东京港 | 依托东京，是日本最大的经济、金融、交通中心 | 输入型港口、商品进出口港、内贸港口、集装箱港 |

（续上表）

| 港口 | 基础条件 | 职能 |
|------|---------|------|
| 横滨港 | 京滨工业区的重要组成部分，以重化工业、机械为主 | 国际贸易港、工业品输出港、集装箱货物集散港 |
| 千叶港 | 京叶工业区的重要组成部分，日本的重化工业基地之一 | 能源输入港、工业港 |
| 川崎港 | 与东京港和横滨港首尾相连，多为企业专用码头 | 原料进口与成品输出 |
| 横须贺港 | 主要为军事港口，少部分服务当地企业 | 军事港口兼贸易 |
| 木更津港 | 以服务境内的君津钢铁厂为主，旅游资源丰富 | 地方商港和旅游港 |

资料来源：李政道. 粤港澳大湾区海陆经济一体化发展研究［D］. 沈阳：辽宁大学，2019.

东京湾区是全球著名的产业集聚区，以制造业和现代服务业为主导产业。制造业方面，东京湾区拥有众多世界知名企业，如丰田、本田、日产等汽车制造商，以及索尼、松下、东芝等电子企业。服务业方面，东京湾区金融、物流、旅游、文化创意等产业高度发达，拥有东京证券交易所、日本银行等金融机构和多家世界著名酒店、购物中心等。

东京湾区在教育、科研、创新等方面具有全球领先地位。东京大学、早稻田大学、庆应义塾大学等高校资源丰富，培养了大量优秀人才。此外，东京湾区还拥有众多研究机构和企业研发中心，如日本产业技术综合研究所、丰田研究所等，为产业发展提供了强大的技术支撑。

## （二）特色优势

### 1. 区域统一规划布局，港口职能分工明确

首先，东京湾区将各港口按照地理位置、吞吐能力、货运量等进行划分，以此确定各港口地位和等级。其次，在具体功能定位上，东京湾区充分利用区内各个港口的资源、特点和优势。最后，在保持统一规划的基础上，东京湾区鼓励港口间实行合理有序的竞争，提升港口的竞争能力，促进港口的积极发展，增强国际竞争实力，为湾区经济发展提供更高的助力。

### 2. 集约式开发区域港口群，规划岸线管理

东京湾区的港口多处于高密度货运的港口聚集区，在小港口常有众多交叉，

为此当地政府对相应岸线提前进行科学规划，按照统一管理、开发、规划、使用的原则，重点开发深水泊位港口，通过整治、整合、开发三条路径来进行集中管理，优化资源配置，提高港口使用效率，提升港口群的竞争能力，力求形成错位发展、差别竞争的局面。

3. 法律支持规划

为使区域港口群合理有效使用和发展，以及避免港口内的恶意竞争、重复开发等现象，提升区域港口群的整体竞争能力，发挥各港口的优势和功能，政府出台相应的法律和规划来实现这种需要。同时，政府还以法律效力来促进规划的实行。如日本政府于1951年制定的《港湾法》，针对港口管理进行了细致规范。

## 二、纽约湾区案例分析

### （一）基本概况

纽约湾区是美国最大的湾区，也是全球经济最发达的湾区之一。纽约湾区可细分为四个大都市分区、25个县，占地面积约为1.74万平方千米。截至2021年底，湾区总人口约1 976.8万人，占美国人口比重的6.0%。[①] 纽约湾区以纽约市、新泽西州的纽瓦克、康涅狄格州的斯坦福等城市为核心，涵盖了金融、贸易、科技、文化等多个产业领域，拥有世界著名的企业和高等院校。

纽约湾区地理位置优越，交通运输体系发达。地处美国东海岸，濒临大西洋，拥有纽约港、纽瓦克港等优良港湾，便于国际贸易和物流运输。此外，纽约湾区还拥有完善的交通网络，包括纽约地铁、新泽西捷运、大都会北方铁路等多种交通方式，使其成为美国乃至全球重要的交通枢纽。

纽约湾区是全球著名的金融中心和产业集聚区。金融业方面，纽约湾区拥有纳斯达克交易所、纽约证券交易所等金融市场，以及摩根大通、花旗银行、美国银行等金融机构，是全球最大的金融中心之一。制造业方面，纽约湾区拥有波音、洛克希德·马丁等航空航天和军工企业，以及辉瑞、强生等制药企业。此外，纽约湾区在科技、文化、教育等领域也具有举足轻重的地位。

---

① 根据美国行政管理和预算局（OMB）发布的关于都市统计区划分文件，纽约湾区范围界定有都市统计区（MSA）和联合统计区（CSA）两种划分方法，本文采用的是MSA的划分。

## （二）特色优势

纽约湾区的总部经济战略为其产生巨大发展优势。总部经济是指将企业的总部设在城市中，并进而通过外部效应来促进发展的经济结构。① 具体优势包括：

### 1. 教育水平高、人才储备多

纽约湾区的整体教育水平较高，人才荟萃。一是名校云集，拥有纽约大学、普林斯顿大学、哥伦比亚大学、康奈尔大学、耶鲁大学等，这些学校在各个领域都有着卓越的学术成就和研究成果。二是教育投入高，纽约市政府和新泽西州政府高度重视教育事业，而且该地区许多企业和慈善家也乐于资助教育事业。纽约湾区吸引了来自世界各地的优秀学生在这里接受高质量的教育，形成了激烈的竞争氛围。三是校友网络发达，湾区内企业和高校的联系较为紧密，形成人才储备上的良性循环。

### 2. 城市基础设施完善

纽约拥有发达便利的海运、空运和陆运资源。在海运方面，作为全国重要的海港之一，纽约拥有独特的海港地理优势，港口交易量巨大；在空运方面，纽约市区机场在国际货物服务领域发挥的作用也占据着重要位置；在陆运方面，纽约路网系统相当发达和完善，已经拥有洲际高速公路 15 条、海底隧道 5 条、收税干道 9 条、架空桥路 861 座。

### 3. 发达的金融保险和新型服务业

纽约是世界金融中心之一，无论是国际性的银行还是大型保险公司，都选择将总部设于纽约。不仅在金融、保险领域，在制造业领域，纽约也建立了与制造业发展相匹配的强大的新型配套服务业，截至 2017 年，纽约的会计公司中占据美国排名前六的有 4 家，咨询公司中占据美国排名前十的有 6 家，公共关系公司中占据美国排名前十的达到 8 家。

---

① 李政道. 粤港澳大湾区海陆经济一体化发展研究［D］. 沈阳：辽宁大学，2019.

## 三、旧金山湾区案例分析

### （一）　基本概况

旧金山湾区是美国西海岸最大的湾区，也是全球经济最发达的湾区之一。旧金山湾区的面积约为 18 040 平方千米，人口约为 760 万。旧金山湾区以旧金山、奥克兰、圣荷西等城市为核心，涵盖了科技、金融、贸易、文化等多个产业领域，拥有世界著名的企业和高等院校，如谷歌、苹果、脸书、斯坦福大学等。

旧金山湾区地理位置优越，交通运输体系发达。旧金山湾区地处美国西海岸，濒临太平洋，拥有旧金山港、奥克兰港等优良港湾，便于国际贸易和物流运输。此外，旧金山湾区还拥有完善的交通网络，包括加州高铁、湾区捷运等交通方式，使其成为美国乃至全球重要的交通枢纽。

旧金山湾区是全球著名的科技中心和创新高地。科技产业方面，旧金山湾区拥有谷歌、苹果、脸书、特斯拉等科技企业，以及世界著名高科技产业园区——硅谷。金融业方面，旧金山湾区拥有美国最大的银行之一富国银行，以及摩根大通、花旗银行等金融机构。此外，旧金山湾区在影视、旅游、教育等领域也具有举足轻重的地位。

### （二）　特色优势

#### 1. 成熟的风险投资市场

旧金山湾区是全球风险投资最活跃的地区之一，集聚全球风险资本和风险基金公司总部，这为创业企业提供了丰富的资金支持。

#### 2. 科技银行业务的创新发展

除了风险投资，银行业同样对旧金山湾区企业发展具有融资作用，尤其是投资主体为科技企业的科技银行（如硅谷银行），这类银行拥有一支专业的团队，团队成员具有丰富的金融和科技行业经验，能够为企业提供有针对性的建议和解决方案。首先，科技银行能为企业提供多样化的融资方案，如股权融资、债权融资、风险投资等，以满足不同企业的融资需求；其次，科技银行在全球范围内开展业务，可以帮助企业拓展国际市场，实现全球化发展。

### 3. 孵化器公司助力企业成长

旧金山湾区内建有大量的孵化器公司，这是一种创新型的经济组织结构。这种组织模式对于高新技术企业创业有很大的帮助，不仅可以在基础设施和环境方面提供有效支持和帮助，还可以在融资、政策、法律、市场等方面给予建议和指导，从而减少企业在创业过程中不必要的风险和损失。孵化器公司帮助创业者进行创业或将成果进行转化，通过环境的培育和不断优化、人才的鼓励引导，为提升创业成功率及创业成果质量发挥了极大的作用，为高新企业发展提供了高标准和国际化条件。旧金山湾区拥有排名美国前十的孵化器公司4家，例如，湾区内排名领先的 Y Combinator 公司成立于 2005 年，到 2012 年 7 月，已经成功孵化了 380 家创业公司，获得的投资额累计超过 10 亿美元，市场价值已经达到 100 亿美元。

## 四、国外三大湾区综合发展经验

国外三大湾区在科技创新能力、国际化水平、教育资源、生态环境、交通基础设施和区域协同等方面具有一定的优势，鉴于此，粤港澳大湾区需要不断深化改革，加强建设，提升整体竞争力和影响力。

### （一）结构上第三产业占绝对比重，依靠金融业的强力促进作用

2022 年国外三大湾区的第三产业占比都超过 80%，东京湾区达到 82%、纽约湾区达到 89%、旧金山湾区达到 87%，充分发挥了第三产业的经济促进和就业带动作用，而粤港澳大湾区第三产业占比只有 68%，与国外三大湾区相比还有一定差距。同时三大湾区金融业较发达，极大地促进了经济增长。2022 年东京湾区、旧金山湾区、纽约湾区的中心城市东京、旧金山、纽约的国际金融中心指数分别为 879、875、922，得分都在 850 以上，排名较高，处于世界领先地位。

### （二）依托有利地理位置，积极发展港口城市的海洋经济

三大湾区都位于海边，拥有发达的港口城市，积极发挥了港口城市的经济带动作用。一方面，在地理位置上，各大湾区都是依靠港口海洋经济，极大地促进了经济增长；另一方面，港口城市有利于吸引外资，并能有助于积极引进和利用国外的先进技术，发挥联通国内国际市场的桥梁作用，促进湾区经济增长。

## （三）　依托较高的科研能力，　逐步完善区域创新体系

三大湾区集中了大量的高校，拥有较多有研发能力的大企业和科研机构，具有较强的科研能力。在逐渐打造完善区域创新体系的过程中，三大湾区具体的做法包括：首先，积极促进湾区内产学研合作，注重将科研成果转化为现实所需所用。在高校和企业之间建立合作平台，促进科研项目合作，政府在其中扮演着牵线和协调的角色。其次，注重竞争型创新体系的建立。最后，鼓励大型企业深入开展研发，为湾区内高校等科研机构增加研发经费投入。

## （四）　配套设施完善，　城市环境交通便利且宜居宜业

一方面，三大湾区内部交通高效便捷，覆盖面广，能够合理解决湾区内各城市的连接和交通出行。三大湾区内部均建设了发达便利的公路、地铁、铁路等，并建有机场负责空运。另一方面，三大湾区注重城市的环境保护问题，发展经济的同时注重环境质量的打造。湾区位于海边，气温变化较小，气候宜人、城市优美、环境质量较高，同时发达的经济水平带来更多的就业机会和发展晋升机会，提升城市宜居水平。

## （五）　具有多元包容开放的文化环境

湾区城市往往拥有着较多的移民，在经济发展过程中，依托良好的城市环境和有利的福利待遇政策，湾区城市吸引了高学历、高素质人才。三大湾区人口迁徙较频繁，比如旧金山湾区被称为美国的"民族大熔炉"，移民来自全世界各地，形成了多元、包容、开放的文化环境。

## （六）　重视区域协同海陆经济一体化发展的整体合力

三大湾区注重城市群的海陆经济一体化协同发展，以此来促进城市群的整体合力。首先，湾区内各港口城市群实行区域一体化协同发展。如东京湾区东京港、横滨港、千叶港、川崎港、横须贺港、木更津港等港口，注重区域一体化协同发展，各港口依据自身位置及优势来确定自身主营方向，分工明确，促进了港口城市群的规模海洋经济。其次，实现港口城市与内陆城市的产业互补和优势互补，从整个湾区层面提升湾区的经济，建立海陆经济一体化区域协同机制。

## 第五节　涉海传统制造业与新兴服务业融合发展的重点领域

下面根据目前粤港澳大湾区涉海传统制造业与新兴服务业发展现状和融合发展趋势，借鉴国外三大湾区综合发展经验，提出产业融合发展的重点领域。

### 一、推动涉海制造业向高附加值环节延伸，向海洋生产性服务业发展

与国外三大湾区相比，粤港澳大湾区产业结构相对不够优化，存在产业链条较短、附加值较低、核心竞争力不够强等一系列问题。因此，粤港澳大湾区应顺应传统制造业和现代服务业融合发展的大趋势，引导企业通过延伸服务链条，提升制造价值，积极发展涉海服务型制造，协同推进海洋制造业与生产性服务业的发展。主要着力点为推动海洋船舶、海洋工程装备等拓展价值链，向高附加值环节延伸，大力发展总集成总承包、全生命周期管理、供应链管理等服务型制造新业态新模式；加快推进海洋电子信息产业链延伸，重点发展海洋信息获取、采集、加工、传输、处理和咨询服务全产业链的海洋信息服务业。高标准布局海洋数字经济基础设施，加快突破海底数据中心关键核心技术，实施"智慧海洋"工程，加快海洋物联网、海洋遥感等海上态势感知手段的关键技术应用，促进海洋领域数字经济发展。支持风电研发设计、装备制造、风电施工及运维企业加强产业链合作，推行运维服务专业化。支持海洋资源综合开发利用，推动海上风电项目开发与海洋牧场、观光旅游、海洋综合试验场等相结合。积极拓展远洋运输、商事仲裁等高端服务业，提升海洋制造业全产业链竞争力。

### 二、引导要素汇聚，推动海洋经济从"制造业"向"智造业"转型

党的二十大报告首次提出，推动创新链、产业链、资金链、人才链深度融合，进一步明确了科技创新、现代金融、人才资源等高端要素对于现代产业发展的重要作用，通过"四链融合"共同推动产业高质量发展。党中央明确提出构建完善现代海洋产业体系，《广东省海洋经济发展"十四五"规划》积极响应，明确提出

"构建现代海洋产业体系，提升海洋科技创新能力，推进海洋治理体系和治理能力现代化，全面建设海洋强省"。其中，高端要素培育是基石，协同机制是关键。为此，要把科技创新、现代金融、人力资源等高端要素和现代海洋产业发展作为一个整体进行考虑，着力营造良好的产业发展环境，推动海洋制造业数字化、智能化、高端化发展。

一是促进科技要素汇聚，深化涉海科技体制机制改革，加强海洋知识产权保护，推行"揭榜挂帅"等机制，营造良好的体制机制环境和创新氛围。坚持企业主体，引导创新要素向企业集聚，推动全社会加大涉海研发投入，促进海洋高端船舶、海洋工程装备、海洋新能源、海洋药物与生物制品、海洋新材料、海洋电子信息等领域加快突破关键核心技术。深化科技成果使用、处置和收益权改革，畅通成果转化通道，促进海洋可再生能源、深远海技术、海洋工程装备制造技术等海洋科技成果产业化。

二是促进各类人才向海、爱海，加快引进和培育各类海洋高级人才，鼓励高校和科研教育机构根据海洋制造业发展需求，适时加强涉海电子信息、大数据管理、海洋新能源、深海探测等专业学科建设，加大相关软硬件环境建设、资金投入和师资力量培养力度。促进高等院校人才培养与企业发展需求密切对接，设立实训基地。积极引进复合型、领军型国际优秀海洋人才归国或来华工作。加大对海洋职业教育的支持力度，强化基础设施、师资队伍培养等投入，培育和造就一批高素质海洋制造业人才。

三是把金融活水引入海洋制造业。增强金融对海洋制造业发展的有效支撑，促进海洋制造业与现代金融协同发展。支持金融机构加快金融产品和服务方式创新，积极拓展适应海洋制造业成长规律和产业发展特点的融资新模式和新渠道，加大对海洋工程装备等海洋制造业发展的长期投资。推进金融机构创新可再生能源存量项目电价补贴确权贷款模式，促进可再生能源发电项目可持续发展。支持金融机构提供绿色资产支持（商业）票据、保理等创新方案，解决新能源企业资金需求。大力发展深交所等证券交易市场，拓展海洋制造业高技术企业、"专精特新"企业上市融资渠道。

## 第六节 涉海传统制造业与新兴服务业融合发展路径

### 一、加强政策协同，打破行业壁垒

通过制定和实施包括税收优惠、金融支持、技术创新、人才培养等一系列有利于涉海传统制造业与新兴服务业融合发展的政策措施，推动产业转型升级和结构优化。建立涉海制造业与新兴服务业的合作平台，促进双方在技术研发、市场开拓、资源共享等方面的合作，实现产业链的延伸和拓展。打破行业壁垒，促进涉海传统制造业与新兴服务业之间的信息、技术、资金等要素流动，实现产业链的一体化发展，积极克服大湾区涉海传统制造业与新兴服务业融合发展存在的机制体制差异。

### 二、加强技术创新，促进技术交流与合作

推动涉海传统制造业通过技术创新实现产业升级，提高产品附加值，为市场提供多元化的服务产品，满足市场需求。加强技术交流与合作，借鉴先进地区制造业的技术经验，及时共享新兴服务业最新技术需求，共同推动技术进步。建立技术创新平台，集聚涉海制造业和新兴服务业的技术资源，促进技术交流与合作，共同突破技术难题。制定促进涉海传统制造业与新兴服务业技术融合的统一技术标准，降低大湾区产业融合发展中存在的技术壁垒。

### 三、优化要素配置，创新要素供给方式

优化人力资源、资金、技术等要素配置，提高涉海传统制造业与新兴服务业的融合发展效率。对要素进行合理分配，避免要素浪费和过剩，同时努力克服大湾区涉海传统制造业与新兴服务业融合发展过程中存在的关键要素供给不足的问题。提高要素的利用效益，降低要素成本，实现要素的集约化、高效化利用，提升涉海传统制造业与新兴服务业的融合发展质量。通过政策引导，促进人才、资

金、技术等要素在涉海传统制造业与新兴服务业之间流动，实现要素的优化配置。建立良好的合作机制，通过各方共同努力，实现要素的合作共赢。创新要素供给方式，通过科技创新、制度创新等，增强要素供给的质量和效益，提高涉海传统制造业与新兴服务业的融合发展能力。

## 四、加强产业规划，引导产业布局

制定合理的产业规划，优化粤港澳大湾区涉海传统制造业与新兴服务业的结构布局，推动政府、企业、行业协会等各方共同参与，引导产业有序发展。促进产业升级与结构优化，加大对新技术、新产业、新业态的扶持力度，推动大湾区涉海传统制造业转型升级。加强产业链建设，推动产业链上下游企业加强合作，完善大湾区涉海传统制造业与新兴服务业的产业链条，实现产业链的优化和协同。建立科技创新、制度创新、业态创新等多元化的产业创新体系，增强大湾区涉海传统制造业与新兴服务业发展动力。通过产业政策、财政税收等政策引导，调整大湾区涉海传统制造业与新兴服务业的产业布局，促进产业高效协同发展。构建产业发展平台，整合大湾区涉海传统制造业与新兴服务业的资源，实现产业资源共享、要素流动、合作共赢。

# 第五章　海洋文化与旅游业融合发展案例研究

习近平总书记在 2023 年 4 月考察广东时指出，粤港澳大湾区在全国新发展格局中具有重要战略地位。粤港澳大湾区作为中国最具活力和发展潜力的经济区域之一，拥有丰富的海洋资源和独特的海洋文化。本章致力于深入分析粤港澳大湾区海洋文化与旅游业融合的现状，挖掘存在的问题，探讨其融合发展的机遇与挑战。通过借鉴国内外典型案例，明确重点发展领域，为粤港澳大湾区海洋文化与旅游业融合发展提供策略性建议。

## 第一节　海洋文化与旅游业融合发展现状

海洋文化涵盖海洋历史、海洋传说、海洋风俗、海洋艺术等在内与海洋相关的各种文化元素，海洋旅游则是指以海洋为主题的一系列旅游活动，包括海滩度假、海上运动、海洋探险等。海洋文化与旅游业融合发展已成为粤港澳大湾区发展的重要战略之一，大湾区作为中国的重要经济引擎，已经具备了海洋文化与旅游业融合发展的巨大潜力。

### 一、旅游业市场逐步回温

总体上，国内游客数量在近年间有一定程度的浮动，受新冠疫情的影响，2019—2020 年的游客人次骤降，由 60.1 亿人次降至 28.8 亿人次，在 2020—2022 年疫情防控期间，游客人次略有浮动，截至 2022 年底，国内游客为 25.3 亿人次，

较上年下降了 22.1%（见图 5－1）。其中，城镇居民游客 19.3 亿人次，下降
17.7%；农村居民游客 6.0 亿人次，下降 33.5%。2022 年全年国内旅游收入
20 444 亿元，下降 30.0%。其中，城镇居民游客花费 16 881 亿元，下降 28.6%；
农村居民游客花费 3 563 亿元，下降 35.8%。

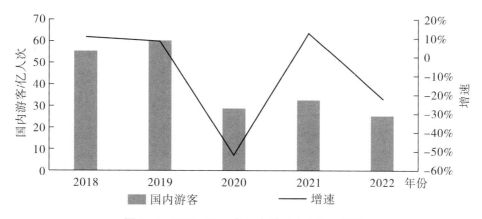

图 5－1　2018—2022 年国内游客人次及其增速

资料来源：国家统计局。

　　粤港澳大湾区海洋旅游市场呈现蓬勃发展的态势，同时文旅市场也具有广阔
的前景，目前融合发展正处于快速增长阶段。新冠疫情暴发前，大湾区 GDP 增速
维持在 9% 左右，高于国家整体平均水平，随着疫情得到控制，增速逐步恢复至正
常水平。由于粤港澳大湾区的区位优势与经济根基雄厚，加上政府的相关扶持政
策与鼓励措施，海洋旅游市场逐步恢复。据香港旅游发展局公布的数据，2023 年
香港入境旅客达 3 400 万人次，整体访港旅客中，过夜旅客占一半，比例较疫情前
高。内地仍是最大的访港旅客市场，占比 78.7%。为深入融入粤港澳大湾区建设
及促进跨区域人流和物流畅通，香港特别行政区政府正积极推进一系列提升口岸
通关能力和通关便利化的措施，拟采用"合作查验，一次放行"的通关模式，加
快香港旅游业市场的稳健发展速度。澳门特别行政区政府统计暨普查局公布的数
据显示，2023 年澳门全年的入境旅客高达 2 821 万人次，恢复至历史巅峰时期
2019 年的 70% 左右，同时留宿旅客和不过夜旅客分别为 1 422.7 万和 1 398.6 万人
次，同比增长 4.7 倍和 3.3 倍。入境旅客中内地旅客达 1 904.9 万人次，其中珠三
角九市旅客达到 930.5 万人次。这一现象主要得益于澳门不断加强在粤港澳大湾区
内地城市的宣传推广，快速恢复国际航线，探索更多粤澳之间文旅融合发展的新
内容、新技术、新机制、新模式，进而赋能海洋经济高质量发展。

表 5 - 1　2015—2023 年粤港澳大湾区接待游客人次　（单位：万人次）

| 年份 | 珠三角 | 香港 | 澳门 |
|------|--------|------|------|
| 2015 | 21 903 | 5 931 | 3 071 |
| 2016 | 23 610 | 5 666 | 3 100 |
| 2017 | 25 630 | 5 847 | 3 200 |
| 2018 | 27 458 | 6 515 | 3 736 |
| 2019 | 29 245 | 5 591 | 3 940 |
| 2020 | 16 475 | 357 | 597 |
| 2021 | 19 975 | 9 | 771 |
| 2022 | — | 61 | 570 |
| 2023 | — | 3 400 | 2 821 |

资料来源：珠三角九市统计公报、香港旅游发展局、澳门特别行政区政府统计暨普查局。

## 二、产业结构持续优化

粤港澳大湾区各城市的产业结构布局不一，产业结构调整成效显著。在制造业的转型升级方面，大湾区作为中国重要的制造业基地，通过引进先进技术、加强自主创新，正逐步向高附加值、高技术含量方向发展，实现从传统制造业向高端制造业的转型升级。随着经济结构的转型，服务业成为区域经济增长的重要引擎。截至 2022 年，大湾区的第三产业产值占总值的 67.81%。服务业的崛起不仅提高了大湾区区域经济的附加值，还为当地居民提供了更多的就业机会。

《粤港澳大湾区发展规划纲要》已经明确提出要将粤港澳大湾区建设成为国际一流湾区和世界级城市群的战略目标，增强粤港澳大湾区产业体系的全球竞争力成为大湾区建设的重要任务。从产业结构上来看，粤港澳大湾区内地城市与港澳地区的发展分工略有不同。实体经济作为粤港澳大湾区内地的主导产业，已有较好的生产制造能力及优势地位；港澳地区的重点则聚焦在金融、物流、法律等生产性服务业上，二者之间形成优势互补产业发展格局具有坚实基础，理应在区域合作过程中发挥"强强互补"的动力效应。产业结构优化促进了文旅产业的多元化发展，包括文化、旅游、体育、娱乐等多个领域的融合，充分发挥了香港、澳门在旅游服务、文化创意、人力资源服务等行业上的带动作用，更有效地配置资源，包括人力、物力和财力，进而提升了大湾区的文化软实力，加强整个大湾区产业发展的强强联合，更高效地传播了中华优秀文化和价值观念。

随着粤港澳大湾区建设的持续推进以及产业结构的优化调整，海洋文化与旅游业作为大湾区文化产业的重要组成部分，正处于不断发展壮大阶段。尽管面临着政策支持、区域联动、同质化和人才等一系列挑战，但通过政府政策的引导和各方的共同努力，文旅产业融合发展已经取得了一些显著成就。例如 2023 年初，深港口岸分阶段有序恢复通关，双向最多安排 12 万个配额。《国际消费中心城市建设年度报告（2022）》显示，近年接待港澳台游客量前十的城市中深圳和广州占比遥遥领先于其他内地城市，分别达到了 1 049.35 万人次和 553.15 万人次，有力提振了湾区文旅产业的消费活力；2023 年，《广州市建设国际消费中心城市发展规划（2022—2025 年）》正式发布，广州计划用五年时间基本建成"湾区制造"引领，文商旅体融合，面向世界的数智化、时尚化、现代化国际消费中心城市。深圳近年来举办的"一带一路"文化和旅游发展论坛暨粤港澳大湾区文旅融合论坛产业项目投融资对接会，为粤港澳大湾区的文旅投融资创造了机遇，有利于促进大湾区的优质文旅项目融资进程。未来，大湾区将继续加强政策支持，加强区域合作，创新文旅产品，培养高质量人才队伍，为海洋文化与旅游业融合发展铺平道路，助力大湾区繁荣发展。

## 三、文旅融合政策相继出台

近年来，粤港澳大湾区积极推动海洋文化与旅游业融合发展，出台许多相关政策，以实现更高水平的经济增长和文化传承。

表 5-2　粤港澳大湾区海洋文化与旅游业融合相关政策

| 时间 | 文件名称 | 相关内容 |
|---|---|---|
| 2020 年 11 月 | 《文化和旅游部关于推动数字文化产业高质量发展的意见》 | 指明夯实数字文化产业发展基础，培育市场主题，引导互联网企业布局数字文化产业，塑造一批具有鲜明中国文化特色的原创 IP；同时指出以数字化推动文化和旅游融合发展，促进文化创意向旅游领域拓展，发展旅游直播、旅游带货等线上内容生产新模式，丰富公共文化空间体验形式和内容 |

（续上表）

| 时间 | 文件名称 | 相关内容 |
|------|---------|---------|
| 2020 年 11 月 | 《澳门特别行政区文化产业发展政策框架（2020—2024）》 | 在大文化产业概念的引领下，构建高质量的文化市场体系，打造完整文化产业生态链，推动澳门成为具有多元、包容、特色、时尚、活力的国际文化创新城市 |
| 2020 年 12 月 | 《粤港澳大湾区文化和旅游发展规划》 | 明确至 2025 年，粤港澳大湾区人文湾区与休闲湾区建设初见成效。粤港澳合作更加深入，市场发展活力充沛，中外人文交流互鉴成效显著，打造一批具有广泛影响力的示范项目、示范区。至 2035 年，宜居宜业宜游的国际一流湾区全面建成。同时，加大财税金融和资金支持，落实对粤港澳大湾区内开展文化贸易的税收优惠政策，完善便利港澳青年在粤港澳大湾区内地城市开展文化和旅游活动、创业就业政策 |
| 2023 年 5 月 | 《关于新时代广东高质量发展的若干意见》 | 将大湾区建设放在首要位置，提出加快建设粤港澳大湾区国际科技创新中心，深化实施"湾区通"工程，推进横琴、前海、南沙三大平台建设，增强广州、深圳核心引擎功能 |
| 2023 年 11 月 | 《广东省进一步提振和扩大消费的若干措施》 | 加强粤港澳"一程多站"旅游资源整合推介，进一步擦亮粤港澳大湾区世界级旅游目的地品牌形象。同时大力发展会展经济，组织开展粤港澳大湾区非遗交流大会，开办好中国国际高新技术成果交易会、粤港澳大湾区服务贸易大会等等，鼓励广东省具备实力的组展商整合港澳会展资源，推动粤港澳大湾区会展融合发展 |
| 2023 年 12 月 | 《广东省省级文化产业示范园区管理办法》 | 以习近平总书记文化思想为指导，突出示范性和引领性，规划文化产业示范园区的创建。推动本地特色文化资源和第一、二产业融合发展，鼓励动员文化内涵丰富、新业态集聚、创新发展、规模效益好、管理规范、示范引导辐射作用强的文化产业园区积极参与创建 |

## 四、产品关联性逐步增强

粤港澳大湾区在海洋文化与旅游业的融合发展方面进行了积极探索，致力于立足独特资源优势，以建设大湾区文旅融合高地为突破口，着力打造多样化的旅游产品，培育文旅融合新优势。例如，位于珠海市的横琴，地处大湾区核心地带，以其独特的地理位置和政策优势，以滨海文化、城市文化和特区文化为基础，以海岛旅游、体育赛事为核心吸引力，将滨海运动与休闲旅游相结合，增加多元化优质文化和旅游产品供给。同时，横琴还积极推广各类海上运动体验项目，如冲浪、帆板、潜水等，满足大众特色化、多层次需求。自2020年起，广东省文化和旅游厅、住房和城乡建设厅以及自然资源厅联合推出了两批粤港澳大湾区文化遗产游径，包含海上丝绸之路、华侨华人文化遗产、孙中山文化遗产游径、粤剧文化遗产游径等44条实体游径，分布于珠三角内地九市；同时香港和澳门地区分别通过开展古迹评定项目和推出历史文化路线的形式，对非物质文化遗产资源进行充分利用，通过深度挖掘不同文旅产品的内涵及关联性，不断丰富文旅产品的创新形态，加强了区域合作，为提升粤港澳大湾区文旅产品不断融合丰富做出贡献。

# 第二节　海洋文化与旅游业融合发展现存问题

粤港澳大湾区凭借其独特的地理位置和丰富的文化遗产，具备海洋文化与旅游业融合发展的产业基础，然而，在发展过程中面临体制机制障碍、技术及市场壁垒、区域集中度偏低等问题。

## 一、体制机制障碍

当前存在的体制机制问题限制了粤港澳大湾区海洋文化与旅游业融合发展，主要体现在政策支持和区域协调两方面。

### （一）政策衔接能力不足

粤港澳大湾区由于涉及两个不同的政治体制和三个独立的法律体系，政策衔接不足。尽管大湾区针对文化和旅游产业融合发展制定了一些政策，但这些政策仍然相对零散，缺乏整体性和协调性。大湾区内各城市之间的政策差异较大，难以形成统一的政策体系来推动文旅产业的融合发展。具体而言，香港和澳门在文化遗产保护方面政策较为完善，这与两地的特殊地理位置和历史背景息息相关。香港由于受殖民统治的特殊性，保存至今的物质文化遗产融合了外国文化特色与民族风格，早在 1976 年就开始实施《古物古迹条例》；澳门特区政府也早在 20 世纪 90 年代开始重视文化遗产业，设计了"澳门文化之都"和"全年缤纷盛事"两个宣传口号，澳门特区政府早在制定第 11/2013 号法律《文化遗产保护法》时，将非物质文化遗产纳入保护对象，成为该领域法治建设的里程碑。在坚持一个中国原则的前提下，香港和澳门相继回归后实行"一国两制"的政策，保留和发展了港澳的各种文化遗产特色。而大湾区部分城市相关政策则相对滞后，粤东、粤西沿海旅游资源充沛，但开发相对不足，一定程度上导致文化遗产的保护和开发在整个湾区内不平衡，阻碍文旅产业有效发展。不过目前已出台了一些针对广东省内部分城市的发展政策，为粤港澳大湾区的海洋文旅产业融合出谋划策。2024年 1 月，广东省人民政府工作报告指出，打造海上新广东，不仅利于为大湾区的经济高质量发展注入"蓝色动力"，而且有助于港澳地区加快融入国家的区域发展大局。

## （二） 区域协调机制不健全

粤港澳大湾区虽然在地理上紧密相邻，但在海洋文化和旅游业融合发展方面，区域协调机制尚不健全。各城市倾向于采用单打独斗的模式，缺乏一套有效的机制来协调资源、政策和市场。在城市文化产业发展上，粤港澳大湾区内 11 个城市基本形成三梯队的格局，成熟且特色鲜明的广州、深圳和香港属于第一梯队，众多文化的重要起源地的东莞、佛山、惠州和澳门属于第二梯队，虽各具特色但缺乏文化竞争力的中山、肇庆、江门和珠海属于第三梯队，可以看出粤港澳大湾区的城市群梯队差距还是较大的，文化与旅游资源分散利用，难以形成区域间的协同效应，各城市往往独立进行产品开发，彼此之间存在竞争关系，而非通过协作来推动海洋文旅产业的协同发展。这种竞争可能导致产品同质化问题，从而降低了整个区域的吸引力。

## 二、技术壁垒突出

粤港澳大湾区作为中国乃至全球最具活力的经济区域之一，具备巨大的海洋文化与旅游业融合发展潜力。然而，该领域面临着一些技术壁垒，需要克服和解决。

### （一）数字化体验信息尚不完善

在粤港澳大湾区的旅游业中，数字化智慧旅游体验已经成为一种趋势，但技术壁垒仍然存在。不同城市间的数字化旅游平台缺乏互通性，海洋文化旅游涉及水域、海洋生态和水上交通等多方面的信息，需要大量的数据收集、分析和传输等准备工作，然而，目前数据信息尚未实现互联互通。例如，各城市海洋生态监测系统的数据尚未实现共享，一定程度上影响海洋生态环境的实时监测和管理。

### （二）虚拟现实与增强现实应用落地不稳定

虚拟现实（VR）和增强现实（AR）技术在现代社会越来越被熟知并应用于各种产业中，在文旅产业方面也发挥了很大的作用。从AR的视角来说，其直观表现为给游客提供增强的实景体验，通过智能手机和AR眼镜，可以满足游客在真实景观中欣赏虚拟信息和图像的需求，同时AR提供了导航、信息展示和语音解说功能，对不同年龄阶段的游客来说都能更便捷地了解目的地的历史文化特色。从VR的视角来看，虚拟化的体验能使游客感受不同地理位置和文化背景下的旅行，在参与互动式的文化体验中感受历史的再现与文化传承。然而VR和AR融入文旅产业的现实落地应用还面临许多挑战。VR和AR设备成本高，制作质量高的增强现实和虚拟现实内容需要大量的资金与技术支持。大湾区需要通过改善技术设施、建立跨城市的合作机制等措施，协同推进VR和AR等技术降本增效，从而进一步提升文化旅游吸引力，推动经济增长，促进区域繁荣。

## 三、市场壁垒较高

尽管粤港澳大湾区的海洋文化与旅游业具备巨大潜力，但在实际发展过程中，仍面临着一系列市场壁垒，不仅限制了区域内文旅产业的发展，也阻碍了整个大湾区文化与旅游融合发展的潜力释放。

## （一） 文旅产品同质化严重

粤港澳大湾区内的各城市拥有相对独特的文化和自然资源，然而由于缺乏有效的资源整合与协同发展机制，这些城市在文旅产品开发上存在同质化问题。以古镇或古村落旅游为例，沙湾古镇、甘坑客家小镇和南社明清古村落景区等地的文化体验和旅游产品相似度较高，新产品驱动性不足，缺乏独特性和极致性，难以为文旅产业融合发展提供动力和保障。例如，惠州、江门和肇庆分别作为"客家侨都""侨乡"和"西江文化的发源地"，各自具备自身的文化特色与历史底蕴，但常常被笼统归类为"广府文化圈"。此外，随着内地旅游业开启商战，相同品牌的高产也给文旅产品带来同质化问题，例如香港与上海的迪士尼，北京的环球影城，相似的宣传和相似定位的主题海洋度假乐园等，文旅产品的严重同质化给粤港澳大湾区的文旅产业带来了一定的冲击。

## （二） 资源配置成本压力大

粤港澳大湾区作为国际化的经济和文化中心，资源配置相对集中，庞大的休闲需求在供给上存在不足，物价水平较高，企业的租金、人工成本等经营成本相对较高。与旧金山、东京和纽约三大湾区相比，粤港澳大湾区作为新进入者面临的文旅市场竞争激烈，存在着来自本地和外来企业的竞争压力。一些已经在市场上建立了较高品牌认知度和影响力的企业具有一定的市场份额与资源优势，新进入者需要花费更多的时间和资源来建立品牌认知度与市场份额。同时，企业可能需要更多的资金投入和资源支持，以及更高的管理水平和运营效率，才能在竞争激烈的市场中获得竞争优势。

## 四、区域集中度偏低

### （一） 整体区域间空间极化突出

粤港澳大湾区作为中国乃至全球重要的经济和文化枢纽，拥有得天独厚的海洋文化和旅游资源。然而，在海洋文化与旅游业融合发展方面，仍面临区域集中度偏低的问题。从产业发展的角度来看，粤港澳大湾区总体上呈现出"中心—外围"的圈层化结构。香港、澳门、广州和深圳作为中心地区，在文旅产业发展中始终处于领先地位，然而，外围城市如东莞、佛山、惠州、珠海、江门、肇庆和中山等地文旅资源相对分散，未能形成有机的产业集群。从旅游产业发展指数看，在新冠疫情前广州和深圳仍保持稳定增长态势，2016—2019 年广州、澳门等地的旅游发展程度都有所上升，分别由 0.49、0.22 上升为 0.62、0.25[①]，即使在 2021 年的疫情防控期间，广州与深圳的旅游产业发展指数仍居高位[②]；文化产业上，香港、澳门、广州和深圳等地保持领先地位，广州与深圳地区在珠三角的虹吸效应导致了人口的集聚，进一步激活了文旅产业市场，但广州的增速并不高，而佛山、江门和肇庆等地的文化产业基础较好，指数在时间变化区间有小幅度的波动，总体相比中心城市的竞争力差距较大。粤港澳大湾区各城市倾向于独立开发旅游项目，例如，澳门以博彩业和文化旅游为主，广州注重文化创意产业，珠海则发展海岸旅游。虽然各城市在某些领域有一定优势，但由于缺乏协同合作，尚未形成海洋文化与旅游的核心集聚区域，各自优势无法最大限度地发挥出来。

## （二）区域内文旅融合协同发展不充分

尽管大湾区内拥有丰富的文化和自然资源，但各城市倾向于独立开发和推广，而不是通过合作实现更大规模的协同效应，粤港澳文旅产业发展的总体协调性在下降。值得注意的是，在新冠疫情之前，粤港澳大湾区多数城市呈现"旅游产业强、文化产业弱"的状况；疫情结束后，"文化产业强、旅游产业弱"状况更明显，以肇庆、江门、惠州和佛山等地为例，这些地区未能充分利用自身文化禀赋的优势，旅游业发展较为滞后，此外，其文化与旅游产业的协调度分别为 0.41、

---

① 原始统计数据来源于《广东统计年鉴》《香港统计年鉴》《澳门统计年鉴》。

② 旅游产业发展指数是韩永辉等人通过构建旅游产业评价指标体系，主要选取旅游基础设施和旅游业绩两个二级指标，经过熵值法计算得来的，表明了在该阶段粤港澳大湾区整体的旅游发展水平，详见：韩永辉，赖嘉豪，麦炜坤. 粤港澳大湾区文旅融合发展：协调耦合、时空演进与策略路径［J］. 新经济，2023（6）：24－31.

0.44、0.7、0.47①，以佛山为例，佛山武术和顺德美食的美名通过《叶问》《舌尖上的中国》等影视传播到全国各地，旅游业却难以借影视的东风，转换成商业红利。

## 第三节　海洋文化与旅游业融合发展的机遇与挑战

粤港澳大湾区依托其独特的地理位置和丰富的文化遗产，正迅速崭露头角，成为国际旅游与文化交流的焦点，同时也面临着政策、资源、人才等多重挑战。

### 一、国际机遇与挑战

粤港澳大湾区要始终紧密关注国际形势的变动与合作，积极抓住机遇，不断提升自身实力和国际竞争力，促进海洋文化和旅游业发展的深度融合，努力成为世界级旅游目的地和海洋文化产业高地。

#### （一）机遇

"一带一路"倡议为粤港澳大湾区海洋文化与旅游业融合发展提供路径。粤港澳大湾区作为中国"一带一路"倡议的重要组成部分，在"一带一路"倡议的框架下，已成功吸引了全球游客和投资者，海洋文化和旅游业融合发展成为国际游客探索中国海岸线和岭南文化的理想途径。中共中央、国务院于2021年9月5日正式公布《横琴粤澳深度合作区建设总体方案》，明确横琴粤澳深度合作区实施范围为横琴岛"一线"和"二线"之间的海关监管区域，总面积约106平方千米。横琴粤澳深度合作区文旅资源丰富，致力于创新"澳门平台、湾区资源、横琴空间"文旅联动发展的新模式、新路径，为大湾区文旅融合创造了更多发展机遇。

国际交流与合作呈现发展契机。香港、澳门地区作为自由开放经济体，具备紧密联系世界和体制机制创新的优势，为大湾区与北美、欧洲、日韩、东南亚等

---

① 原始统计数据来源于《广东统计年鉴》《香港统计年鉴》《澳门统计年鉴》，由韩永辉等人通过构建粤港澳大湾区文旅融合水平指标体系，运用协调性指数模型研究文旅产业在不同时间节点的相对关系计算得出，文旅的协调度能够反映各区域间的协同发展状况，从数据分析得出，上述地区文旅产业尚未实现有机融合。

国家和地区在国际航线拓展、文旅合作、宣传推广等方面带来了国际交流机遇。作为粤港澳大湾区文化和旅游融合发展的示范项目，深圳滨海艺术中心汇集了国际艺术展览、文化创意产业、旅游体验等多个元素，成为吸引国内外游客的文化艺术聚集地。此项目充分展现了粤港澳大湾区在文化和旅游融合方面所采取的前瞻性举措，为国际文化交流提供了一个广阔的平台。大湾区应充分利用港澳国际社会地位的优势，加强与世界旅游组织交流与合作，共同举办国际性的文化活动，进一步促进文化交流与合作，开发和推广适应外国游客需求的旅游产品与项目。

### （二）挑战

国际上的相关制度给我国带来了诸多挑战，这些挑战对我国经济整体的发展产生了影响，对粤港澳大湾区的建设更是形成了不容小觑的威胁。面对这些挑战，大湾区必须充分做好防备工作，积极向国际展现粤港澳大湾区的文化自信。一是加强政策协调。粤港澳大湾区涉及不同政治制度和法律体系，这可能导致政策协调和立法方面的挑战。文旅产业融合需要一致的法规和政策支持，以促进跨境业务和文化交流。二是深入防范国际风险。在当前形势下，我国的实力日益强大，在加强和各国合作的同时，也应时刻防范大国之间不合理地联合而孤立我国。这可能表现为一系列针对我国文旅的隐形规定与政策，如限制我国某些文旅相关产业进入国际市场等，甚至可能有跨境投资问题，由于不同地区的法律法规、政策环境等因素的影响，文旅企业可能会受到资金流动、产权保护、税收政策等方面的限制。企业在大湾区内开展跨境投资可能需要处理复杂的审批程序和法律风险，受到一定的限制。还有网络文化与媒体传播问题，在大湾区内，不同地区的网络文化和媒体传播受到不同的政策法规和监管机制的影响，可能存在审查、封锁、限制等问题，影响了信息的传播和文化的交流。

## 二、国内机遇与挑战

粤港澳大湾区作为中国乃至全球最具活力和发展潜力的城市群之一，正积极探索海洋文化与旅游业的融合发展，在此过程中，既迎来了前所未有的国内机遇，也面临着严峻挑战。

## （一） 机遇

政策支持加深制度保障。随着国家对大湾区的高度重视，相关政策陆续出台，为海洋文化与旅游融合提供了坚实的政策保障。国家和地方政府陆续出台系列支持政策，通过税收优惠、土地政策和产业扶持等手段，大力鼓励文旅融合项目的发展，为企业和投资者提供了更广阔的发展空间。政府先后推出的"文旅同城化""文旅管理协同化"等区域发展理念，在湾区内得到了最佳落地，比如：粤港澳大湾区旅游联票优惠、交通联程优惠、三地游艇驾照及牌照互认；旅游市场联合监管、餐饮服务联合认证、从业人员资质互认和旅游公务员轮岗交流；外国人72小时或144小时过境免签政策，以及港澳便利通关等政策。

城市协同发展创造新型路径。粤港澳大湾区多个城市具有丰富的海洋文化和旅游资源。通过城市协同发展，各城市可以发挥自身优势，形成更具吸引力的旅游线路。

创新凸显海洋文旅文化。在粤港澳大湾区规划初期，国家明确指出"六步走"的区域发展原则，打造旅游产业国际领先、塑造品牌国际化、文旅大时代联动化、客源特征国际化、区域内一体化及区域外产业辐射最大化。总体来说，主要体现在区域内外的主题乐园旅游、文化娱乐旅游、商务会展旅游及高端海洋旅游等方面，通过港口海滨主题城市的文化产业，带动区域周边及上下游产业的快速发展，比如引入环球影城、迪士尼、乐高等全球范围内的主题IP，通过发挥旅游客源地的优势，联动福建、广西及海南等区域的文旅合作，以文旅展会平台的方式，打造一个融合各类"创新品牌"，联动湾区与东盟的"海上国际旅游合作圈"。

## （二） 挑战

首先，同质化竞争需改善。粤港澳大湾区各城市的旅游产品和文化活动存在一定程度的同质化问题，产品和活动过于相似，加剧市场竞争。因此，各城市需要深入挖掘自身特色，避免过度竞争。其次，人才短缺问题待解决。海洋文化与旅游业融合发展需要跨领域的专业人才，包括文化创意、旅游管理、科技创新等多方面。当前，这些领域的人才仍然短缺，大湾区各城市需要加大培养和引进高素质人才的力度。最后，环境保护与可持续发展需关注。海洋文化与旅游业融合必然涉及海洋环境的保护问题，须确保可持续发展。各城市需处理好海洋污染问题、保护海洋生态系统，并规范旅游行业的行为，实现经济、社会和环境的和谐发展。

## 三、粤港澳大湾区机遇与挑战

粤港澳大湾区坐拥丰富的海洋文化和旅游资源，正积极探索如何将这些资源进行融合发展，创造更加独特和吸引人的文旅产品。

### （一）机遇

多元的海洋文化资源提供有力支撑。粤港澳大湾区不仅拥有丰富的海岸线，还承载着岭南文化、客家文化、广府文化等多姿多彩的地方特色文化。这些文化资源赋予文旅产业深厚的内涵，更为打造独具特色的文化旅游产品、促进文旅产业发展提供有力支撑。

政策支持和区域合作引导发展途径。政府部门正在积极出台促进文旅融合发展的相关政策，为企业和项目提供支持。同时，粤港澳城市群正进一步加强合作与联动，实现资源共享与优势互补。

### （二）挑战

总体上，粤港澳大湾区面临的海洋文化与旅游业融合发展的挑战与国内外情况紧密联系。但由于其区域布局的特殊性，大湾区又存在自身的挑战。其一，政策协同不够紧密。粤港澳大湾区涉及三个不同的行政区域，存在不同的法律法规和政策体系。在海洋文化和旅游业融合发展方面，缺乏统一的政策框架和协同机制，导致资源整合不充分、产业协同不足。其二，基础设施建设有待加强。海洋文化和旅游业的融合发展需要完善的基础设施支撑，包括港口、航运、旅游交通、文化设施等方面。然而，目前粤港澳大湾区在这些方面还存在短板，需要加大投入力度，提升基础设施的品质和覆盖面。其三，文化认同与品牌形象有待提升。粤港澳大湾区具有丰富的海洋文化资源，但缺乏统一的品牌形象和文化标识。在旅游市场上，难以形成具有竞争力的文化品牌和产品体系，影响消费者的认知度和忠诚度。

## 第四节 国内外典型案例分析与经验借鉴

本节针对世界四大湾区进行深入的案例分析，以揭示各地区海洋文化与旅游业融合发展的脉络。湾区的形成与发展大致经历了四个阶段：港口经济、工业经济、服务经济和创新经济。这四个阶段也是人口、产业、贸易、金融、信息等资源不断汇集的过程。与国外三大湾区相比，粤港澳大湾区在人口、土地面积、客运和货运量上占有明显优势。然而，粤港澳大湾区的人均 GDP 和服务业发展质效与其他三大湾区相比仍有不小的差距。首先，对比四大湾区第三产业的比重，从图 5-2 可见，2021 年粤港澳大湾区的第三产业占总产值的比重为 65.6%，而国外三大湾区第三产业比重均超过 80%，说明粤港澳大湾区第三产业的追赶还有一段距离。另外，从旅游产业相关指标的机场旅客吞吐量对比（见图 5-3）来看，粤港澳大湾区在 2021 年已经超过国外湾区。但受新冠疫情影响，当时各湾区的旅游状况都不佳，但总体上粤港澳大湾区仍具有领先优势。

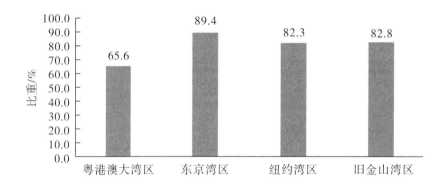

**图 5-2　2021 年各湾区第三产业占地区产值的比重对比**

资料来源：纳斯达克证券交易所。

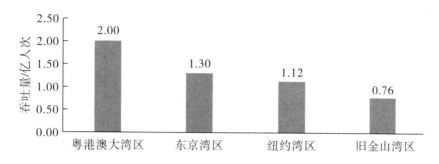

**图 5 - 3 2021 年各湾区机场旅客吞吐量对比**

资料来源：纳斯达克证券交易所。

## 一、东京湾区：经典 IP 打造文旅度假胜地

东京湾位于日本关东地区，因其毗邻东京而得名，GDP 总量在日本国内靠前。东京湾港口群形成了鲜明的职能分工，湾区的各港口虽然各自独立经营，但在对外竞争中则是一个整体，从而提升了东京湾区的整体竞争力。

### （一）案例分析

东京迪士尼海洋公园是东京湾区的一项标志性旅游项目，它于 2001 年开业，是亚洲首个以海洋为主题的迪士尼度假胜地。东京迪士尼海洋公园巧妙地将迪士尼的经典 IP 与海洋元素相融合，为游客呈现了前所未有的娱乐体验。公园通过提供多元化的旅游产品，包括主题乐园、水上娱乐、餐饮、购物和住宿等，成功实现了文化与创意的完美结合，吸引了来自全球各地的游客。同时东京迪士尼海洋公园注重可持续发展，采用环保技术、废弃物处理和节能措施，以减少对周围海洋生态环境的影响，这种可持续性使其在生态和社会责任方面得到认可。东京湾区内的政府、企业和社区积极合作，为东京湾区的整体旅游业增长做出了贡献。

### （二）经验借鉴与建议

东京湾区的成功案例为粤港澳大湾区海洋文化与旅游业融合发展提供了宝贵经验：其一，创造多元化旅游产品。开发多元化的旅游产品，包括海洋乐园、水上娱乐、文化体验、餐饮和住宿。这将吸引不同类型的游客，提高地区的游客滞留率。其二，保持可持续发展。注重环保和可持续性是未来旅游业的趋势，粤港澳大湾区应降低对海洋生态环境的负面影响，同时提升地区的可持续形象。其三，促进区域合作。政府、企业和社区应积极合作，共同推动粤港澳大湾区的海洋文化与旅游业融合发展。建立跨地区的旅游联盟和合作机制，促进区域内旅游资源的整合与共享。通过开发文创产品、可持续发展、区域合作和发掘文化内涵，粤港澳大湾区有望在海洋旅游领域取得更大的成就，进而提升湾区在全球旅游业中的竞争地位。

## 二、纽约湾区：多元文化交织独具吸引力

纽约湾区位于美国东北部大西洋沿岸，包括纽约市、新泽西州和康涅狄格州的海滨地带，经济实力不容小觑。

### （一）案例分析

长久以来，纽约湾区作为美国的文化与商业中心，积淀了深厚的历史底蕴。同时，纽约湾区拥有壮观的海洋风光和旅游资源，如大西洋海岸线、著名的长岛、自由岛等。纽约湾区以多元文化著称于世，各种文化元素在此交织汇聚，为海洋文化与旅游业的融合提供了得天独厚的资源。这里不仅深植美国的本土文化，更深受世界各地文化的熏陶，使得海洋旅游得以与不同背景和传统交相辉映。纽约湾区的海岸线布满了历史遗迹和现代建筑，这种历史与现代的融合为旅游创造了独特的吸引力。例如，自由岛上的自由女神与曼哈顿的现代摩天大楼形成鲜明对比，吸引了大量游客。纽约湾区每年举办大量的文化活动和节庆，如圣帕特里克节、劳工节大游行等。这些活动为游客提供了机会，深入了解当地文化，同时也推动了海洋文化与旅游业融合发展。

### （二）经验借鉴与建议

基于纽约湾区的经验，粤港澳大湾区可以通过对多元文化的包容、历史遗产的保护与利用、文化活动的策划和生态旅游的发展，推动文化与旅游融合，提升其国际竞争力，实现可持续发展。其一，包容多元文化。纽约湾区的成功经验表明，多元文化的包容性是推动海洋文化与旅游业融合发展的关键。不同背景的人们可以共同创造独特的文化体验，吸引更广泛的游客。其二，策划文化活动。大

湾区可以通过定期举办文化和节庆活动吸引游客，推动海洋文化与旅游业融合发展。这些活动不仅可以展示当地文化，更能增强游客的参与感。其三，发展生态旅游。生态旅游是当前旅游业的重要趋势之一，保护和开发自然资源，为游客提供生态体验，对于促进可持续的海洋文化与旅游业融合发展至关重要。

## 三、旧金山湾区：文化遗产保护与环保开发带来新生

旧金山湾区位于美国西海岸，拥有壮观的海洋景观和多元文化社区，以环境优美、科技发达著称。

### （一）案例分析

类似于粤港澳大湾区，旧金山湾区也是一个多元文化的交汇点，各种文化元素在此交织，为海洋文化与旅游业融合发展提供了丰富的资源。这种文化多元性吸引了国际游客，并为海洋文化和旅游赋予了独特魅力。旧金山湾区注重文化遗产的保护和创新，积极保护了诸多建筑、社区和传统文化，同时也鼓励创新思维，将传统文化与现代技术相结合，为游客呈现全新的体验。这种文化的传承与创新为旅游业注入了活力，吸引了更多游客。旧金山湾区在可持续发展和环保方面取得了显著进展，通过积极采用绿色技术，减少了对海洋生态环境的负面影响。此外，通过教育和社区活动提高了居民和游客的环保意识，不仅有助于保护海洋生态系统，还为海洋文化与旅游业融合发展提供了可持续的发展路径。

### （二）经验借鉴与建议

基于旧金山湾区的经验，对粤港澳大湾区海洋文化与旅游业的融合发展提出以下建议：其一，强调区域文化与特色。粤港澳大湾区应加强对各个城市独特文化和历史的挖掘与弘扬，包括传统文化和创新。通过建立文化主题街区、文化村落等，展示和传播海洋文化，为游客提供多元化的文化体验。其二，强化区域协同合作。粤港澳大湾区应借鉴经验，加强合作，形成文旅资源的共享和互补，建立跨城市的旅游线路，鼓励游客跨城市游览。此外，城市之间可以联合举办文化节庆等活动，增强区域的吸引力。以上需要政府、企业和社会各界的共同努力，以实现海洋文化与旅游业的融合发展，为粤港澳大湾区的未来注入新的活力。

## 第五节　海洋文化与旅游业融合发展的重点领域

粤港澳大湾区应以提高区域文化软实力、推动旅游业升级为目标,重点聚焦文化旅游产品创新上下游关键领域,进一步促进海洋文化与旅游业的深度融合和发展,提升大湾区文化旅游的品质和效益。海洋文化与旅游业融合发展的上游环节主要为海洋文化资源开发与创新行为,这一领域的关键任务是挖掘和展示大湾区丰富的海洋文化遗产,开发具有创新性的旅游产品和服务,从而吸引更多的游客。在海洋文化与旅游业融合发展的上游环节中,大湾区可通过充分挖掘和保护海洋文化遗产、引入创新科技和互动体验等方式,为吸引更多游客提供新的可能性。这些项目的实施不仅有助于推动旅游业的发展,更有助于传承和弘扬海洋文化的价值。而随着这一领域的不断发展,粤港澳大湾区必将在国际旅游市场中占据更为重要的地位,同时促进文化传承与创新的和谐发展。为实现这一目标,政府、企业和文化机构需要扩大合作,以及加强对文化资源的保护和传承力度。

### 一、休闲渔业

粤港澳大湾区凭借其高度开放的特点和强大的经济活力,在国家整体发展中占据着重要的战略地位。近年来,以休闲渔业为代表的海洋渔业和旅游业融合发展路径在全国蓬勃兴起,逐渐成为第一、二、三产业融合发展的新方向以及现代渔业经济发展的新趋势,同时也是实现乡村振兴的重要途径。当前,我国渔业旅游取得飞速发展,这不仅为游客提供了独特的休闲体验,也为当地经济注入了新的活力,同时还有助于促进海洋资源的可持续利用和保护。大湾区渔业资源丰富、渔业产值大,旅游业的逐渐兴起提升了游客乃至社会各界对于大湾区的关注度。近年来,一些沿海渔村积极发展渔业旅游,吸引了不少消费者前来品尝海鲜和了解渔村文化。旅游业促进海洋渔业转型升级是未来渔业发展的一个重要方向。基于此,进一步推动海洋渔业和旅游业发展无疑是缓解珠江入海口污染问题、促进粤港澳大湾区一体化发展以及当地渔民再就业的新路径。面对逐渐严重的环境问题,作为致力于环保的可持续型产业,以海洋休闲渔业为主的海洋渔业与旅游业融合发展,已成为渔业产业转型升级的必由之路。

**专栏 1　大湾区重点城市海洋文旅融合发展案例**

深圳博物馆通过聚焦粤港澳大湾区丰富的海洋历史和文化，展示大湾区自古以来的海洋相关故事，包括渔业、航海、海洋贸易和海上文化交流等，为游客提供沉浸式的海洋历史体验。此外，博物馆还将与当地学术界和艺术家合作，举办海洋文化艺术展览，为游客带来深度的文化体验。这一项目的实施，不仅有助于传承和保护海洋文化遗产，更能吸引国内外游客，进一步提升大湾区旅游的吸引力。

珠海市万山海岛处于粤港澳大湾区地理中心位置，是粤港澳大湾区具有巨大发展潜力的滨海休闲度假胜地。2023 年"五一"假期，万山海岛片区接待上岛游客达 42 112 人次，与去年同期相比增长 156.8%，与 2019 年同期相比增长 100.4%。海岛采用"一岛一特色"的开发模式，例如桂山—三角岛以红色研学、渔家风情、游艇帆船等为主题，外伶仃—担杆岛则更倾向于海岛观光、生态科普等方面。同时在加强粤港澳文旅融合旅游发展的进程中，万山海岛创新海洋旅游节事活动，重点培育海洋休闲渔业、海岛研学、海洋运动（如潜水、帆船）等新业态。具体来说，桂山岛、东澳岛、外伶仃岛将分别推出特色研学夏令营，通过亲子海钓体验、海洋知识科普等方式来加强游客对海洋文化的认知，深挖海洋文化与海岛民俗资源，实现人文资源的产业化转化。

资料来源：笔者根据公开资料整理。

## 二、海洋遗产

海洋遗产通常指那些与海洋相关的具有历史、文化、自然或者科学价值的物质和非物质遗产，包括自然遗产、历史遗产、文化遗产以及科学遗产。对海洋遗产的探测识别、系统调研、保护研究及开发利用已成为当下国际共识。广东省海洋资源十分丰富，海洋面积位居全国第二，但在"十四五"规划中，海洋文化遗产的保护利用并没有列入其中，重要原因是广东省海洋文化遗产基础资料匮乏以及专业机构缺失。所以，针对粤港澳大湾区的重要文化资源之一的海洋遗产的历史信息调查是意义十分重大的。首先，可以利用现代信息化手段开展数据调研，保持理论与实践的紧密联系，即历史文献记载查询与实地走访调查互为补充佐证；其次，采用技术加成的多重性探测器进行定向作业，总结归纳海洋遗产的分布概况；还可以调用现代化智能装备，例如遥控水下机器人（ROV）、自主水下机器人（AUV）等新技术对粤港澳大湾区深海领域进行探测与信息留存，形成粤港澳大湾区海洋文化遗产历史遗存信息数据库，来填补粤港澳大湾区在该方面信息的空白，为海上丝绸之路申遗提供科研支持。同时需要加强对海洋生态环境的保护和修复工作，包括建立保护区、修复受损的海洋生态系统、加强海洋监测和管理等方面。通过科学的管理和保护措施，确保海洋遗产的可持续利用和传承。加强对海洋遗产文化的传承和宣传工作，包括开展海洋遗产的文化展览、举办海洋文化节、编纂海洋文化资料等。通过多种形式和途径，向公众传播海洋遗产的历史价值和文化意义，增强社会对海洋文化的认知和保护意识。

近年来，南方海洋科学与工程广东省实验室（珠海）海洋考古创新团队聚焦南海海洋文化遗存的考古勘测、保护与利用，寻求解决复杂海洋埋藏环境下古遗存勘测和识别两大难题的技术路径，旨在为粤港澳大湾区海洋遗产保护利用提供新方法。海洋考古相较田野考古的工作环境更加恶劣，受海洋的气象、地质、水文、动植物环境等因素的影响，海洋考古工作面临很大的瓶颈。南方海洋科学与工程广东省实验室（珠海）海洋考古创新团队申报了"海洋古沉船勘测技术整合与研发"科研课题，结合海洋相关的多学科知识，通过与广东省文物考古研究、中国科学院声学研究所、中山大学等单位的合作，完成古遗存勘测—保护—价值评估的全方位研究。在前期的大量文献阅读以及模拟计算准备后，团队进行了古遗存的"四步走"勘测法，总结出一套古遗存考古价值的评估体系，旨在突破目前海洋遗产考古的技术瓶颈，对南海海洋遗产进行预防性保护。最终，研究团队取得了粤港澳大湾区浅海近海文化遗产的初步调查成果，完善了勘测的标准化体系以及技术规范，成功绘制出南海区域海洋文化遗产保存状态分布图，形成粤港澳文化遗产调研报告和海洋文化遗产信息数据库，为粤港澳大湾区沿海地区经济社会发展积累了相关的经验，为保障我国的海洋发展权益提供了支撑。

## 三、滨海海岛游

《粤港澳大湾区发展规划纲要》中指出要深化粤港澳大湾区在文化和旅游领域的合作，共建人文湾区和休闲湾区。重点发展粤港澳大湾区滨海海岛游需要综合考虑地区的自然资源、文化底蕴、交通便捷性等因素，结合市场需求和旅游业发展趋势进行规划和开发。在生态环境开发上，政府应强调保护海岛的生态环境，开发具有地方特色的文化旅游产品，挖掘海岛的民俗风情和历史文化。在此初衷上实施岛屿间交通的便捷化,加强海岛与周边地区的交通联通,提高游客到达海岛的便捷性,例如,澳门与香港之间的港珠澳大桥,大大缩短了澳门与香港之间的交通时间,促进了粤港澳大湾区海岛旅游的发展。计划部署发展海洋运动项目,如潜水、冲浪、帆船等,以及度假村、高尔夫球场等休闲设施,吸引游客进行度假休闲;同时提升海岛旅游服务的品质和水平,打造高品质的度假体验。粤港澳大湾区滨海海岛游可以实现多样化的旅游体验,吸引更多游客前来探索和体验,推动该领域海洋文化和旅游业的融合发展。

香港的大澳渔港保留了大量具有历史价值的古建筑和传统文化元素,吸引了众多游客前来感受古村落的历史韵味。大澳是香港现存最著名的渔村,村落部分位于大澳岛上。2006 年大澳获"香港十大胜景选举"第七名,独有的水乡情怀让其有"香港威尼斯"之称。渔家传统民俗魅力和景区别样的渔家生活体验让大澳渔港成为集文化、旅游、居住、商业为一体的综合街区。大澳渔港保留特色文化魅力与合理规划改造让文旅产业融合发展焕发新光彩,为粤港澳大湾区滨海海岛文旅的繁荣做了很好的示范,如何让游客在游玩过程中更好地了解当地的特色文化与体验民俗风情是各滨海海岛进行海洋文化与旅游业融合发展需要思考的。

广东省交通运输厅于 2018 年公布的《广东滨海旅游公路规划》中提出打造全球最长的广东滨海公路,线路北起潮州市,南至湛江市,全程约 1 875 千米,辐射 72 个滨海旅游景区,形成功能互补的沿海公路走廊,旨在打造高品质滨海旅游带,促进沿海经济带发展。预计至 2025 年,滨海旅游公路兼具交通运输、旅游休闲以及生态保护复合型功能,将潮汕文化、客家文化与广府文化融入其中,全面支撑广东省滨海旅游转型升级。

## 四、文体赛事

《深化粤港澳合作 推进大湾区建设框架协议》提出打造一批高水平国际性赛事以提高湾区的综合竞争力,体现了实现大湾区体育产业共同繁荣的愿景。重点发展粤港澳大湾区文体赛事需要综合考虑该区域的文化底蕴、体育设施、市场需求等因素,结合国际化赛事组织和推广,以及地方特色文化的展示,推动我国体育事业与国际接轨。首先,支持本地体育联赛的发展,提升区域内各项体育项目的水平和竞技性;其次,可以吸引国际知名的体育赛事在粤港澳大湾区举办,提升该区域的国际影响力，举办具有地方特色的文化体育活动，弘扬区域内的传统文化和体育精神；同时将体育赛事与旅游业相结合，打造体育旅游产品，吸引游客参与和观赏体育赛事。此外，重要的一点是加强青少年体育培训和推广，培养未来的体育人才，提升体育竞技水平，实现粤港澳大湾区文体事业的多元化、专业化和地方化发展。

专栏2　粤港澳大湾区"九洲杯"帆船赛

作为珠海第一个自主品牌的帆船赛事——粤港澳大湾区"九洲杯"帆船赛，截至2023年12月已经成功举办了五届；珠海还成功引进了克利伯环球帆船赛，"百岛千帆"已成为珠海最具海洋特色的亮丽名片。第五届"九洲杯"赛事由中国帆船帆板运动协会、广东省体育总会指导，广东省帆船协会、香港帆船运动总会、澳门风帆船总会联合主办，汇集了来自广州、深圳、佛山以及香港、澳门等十支帆船战队，经过三天的角逐，最终中山帆船队斩获冠军，珠海帆船队获得亚军，哥伦比亚大学队获得季军，给选手和观众带来了精彩的海上体验，该赛事有助于传播海洋精神以及海洋文化。因历届比赛的成功举办，以帆船帆板运动为代表的水上运动休闲产业在珠海市应运而生，同时带动了珠海帆船运动竞赛、装备制造、旅游文化以及商贸会展等产业链的延长发展，吸引更多人群亲近海洋、关注海洋。

资料来源：笔者根据公开资料整理。

# 第六节　海洋文化与旅游业融合发展路径

结合粤港澳大湾区海洋文化与旅游业融合发展过程中存在的实际问题，当前，粤港澳大湾区海洋文化与旅游业融合发展面临着诸如行政壁垒等制度性限制，在空间布局、区域协调、要素匹配等方面存在结构性短板。以下路径的实施，或能为大湾区海洋文化与旅游业未来的融合发展提供思路，进一步推动该产业的深度融合发展。

## 一、强化制度创新和制度供给

粤港澳大湾区作为中国改革开放的前沿，是岭南文化、客家文化、广府文化等多元文化交融的汇集地，拥有丰富的自然资源和独特的海洋文化底蕴。海洋文化和旅游业融合发展是大湾区未来的重要发展方向之一，需要强化制度创新和制度供给，形成"政府主导、市场协同、民众参与"的社会协同治理格局，以营造更有利于文旅融合的环境。

## （一） 海洋文化保护与传承的制度创新

海洋文化是粤港澳大湾区的宝贵财富，但在长期发展中，受到了现代化的冲击并伴随着文化传承的问题。为了保护和传承海洋文化，可以尝试以下制度创新路径。首先，设立海洋文化遗产名录。借鉴联合国教科文组织的世界文化遗产制度，制定粤港澳大湾区海洋文化遗产名录。列出大湾区区域内具有独特历史和文化价值的海洋文化资源，如渔村、渔船、传统渔业技艺等，通过列入名录，政府可以提供必要的经济支持与法律保障，鼓励社区和民间组织共同参与文化传承工作。其次，重视海洋文化教育。在大湾区各级教育体系中引入海洋文化课程，使当代青年得以深入了解和尊重海洋文化传统。此外，设立相关奖学金和文化研究基金，鼓励学者和研究机构深入研究海洋文化，从而推动文化的传承与发展。

## （二） 跨境旅游与旅游交通的制度供给优化

粤港澳大湾区的城市紧密相连，跨境旅游潜力巨大，但在旅游交通和便利性方面仍然存在挑战。为推动跨境旅游和旅游交通的融合，建议采取以下优化措施。第一，建立一卡通智能交通系统。将深圳、广州、珠海、澳门、香港等城市的地铁、巴士、轮渡等公共交通系统实现无缝连接，使游客只需使用一张卡片即可在不同城市的交通工具上付费，有效减少跨境旅程中的不便。第二，实现通关便利化。利用人脸识别、智能通关系统等先进的科技手段简化出入境流程，缩短通关时间，提高粤港澳大湾区旅游的便利性。

## 二、促进产业链前向与后向联合

从文化和旅游资源出发，创新文旅产业链前向、后向联合方式，创造吸引游客的旅游产品和体验，促进粤港澳大湾区海洋文化与旅游业融合发展。

## （一） 产业链前向发展

基于粤港澳大湾区独特的海洋文化背景和历史，开发海洋文化主题旅游产品等具有地域特色的旅游产品。以广州为例，可以借助珠江水系和广府文化，打造水上文化之旅，并提供有特色的水上活动，如泛舟、观赏岸边的古建筑等，进一步提升广府文化的影响力。

## （二） 产业链后向发展

后向发展涉及为旅游业提供包括餐饮、住宿、交通和零售等支持和增值服务的产业，粤港澳大湾区可以通过以下方式推动产业链后向发展。一是拓展文旅衍生产业。文旅产业链的后向发展包括了一系列的衍生产业，如文化创意产品销售、旅游纪念品制作、文化体验活动开展等。通过支持文化创意产品的设计制作、打造特色旅游纪念品、举办文化体验活动等方式，拓展文旅衍生产业，可为文旅产业链的后向发展提供支撑。二是加强文化创意产业发展。大湾区各地具有丰富的历史文化资源和创意产业基础，可以通过加强文化创意产业的发展，推动文旅产业的后向发展。大湾区的文旅产业需要不断提升服务质量和水平，利用技术手段发展粤港澳大湾区文化体验游、游轮游艇游、主题公园游、研学知识游等新业态，为游客提供更高质量的增值服务体验。"十四五"以来，广东省确立了多个工业旅游主题项目，将工业文化转化为城市文化的一部分，不仅可以实现文化价值的再创新，也使得城市形象日益生动。

## 三、丰富融合发展的应用场景

粤港澳大湾区在推动海洋文化与旅游业融合发展方面具有巨大潜力，通过政府层面的政策支持和跨境合作，文化创新、特色产品开发以及数字科技的运用，大湾区有望成为我国乃至全球海洋文化与旅游业融合发展的典范。

## （一） 政策支持和跨境合作

为促进粤港澳大湾区海洋文化与旅游业融合发展，政府需采取一系列积极的支持措施。首先，建立跨境合作机制，促进各城市间的文旅资源共享和互动。以粤港澳三地为例，可以设立跨境文旅合作基金，支持具有创新性和跨区域性的文旅项目。其次，政府通过税收和融资方面的优惠政策，鼓励企业参与跨境文旅融合发展。

## （二） 文化创新和特色产品开发

文化创新和特色产品开发也很关键，粤港澳大湾区各城市需要挖掘和传承本地海洋文化，将其融入旅游产品中，打造具有独特特色的旅游体验。例如，广东省汕头市与澳门特别行政区合作，推出了海洋考古之旅项目，包括参观海洋考古博物馆，了解海洋文化的历史渊源。这一项目不仅吸引了大量文化爱好者和历史探索者，同时也推动了海洋文化保护和传承。

## （三） 数字科技与智慧旅游

数字科技在海洋文化与旅游业融合中扮演着重要角色，粤港澳大湾区通过智慧旅游应用和数字化展示，提升游客体验感与满意度。例如，珠海横琴新区开发了一项虚拟海洋探险项目，游客通过头戴式 VR 设备，可以沉浸式地探索海底世界，与海洋生物互动。这种创新技术为游客提供了全新的体验方式，同时也宣传了海洋文化和生态保护的重要性。

# 第六章 海洋渔业与旅游业
# 融合发展案例研究

## 第一节 海洋渔业与旅游业融合发展现状

现代渔业产业融合趋势明显，渔业通过与旅游业的深度融合，将更加符合绿色可持续发展的理念。近年来，我国渔业旅游规模不断扩大，尤其是以旅游和垂钓为导向的休闲渔业发展迅速。在这一背景下，拥有丰富海产资源的广东省渔业却出现产量增速放缓的现象，海洋渔业与第三产业融合发展的形式愈发受到重视，有望成为未来渔业经济新的增长点。

### 一、海洋渔业与旅游业融合发展的背景

#### 1. 渔业旅游发展背景

2003 年 5 月，国务院颁布了《全国海洋经济发展规划纲要》，提出了渔业与旅游业的融合发展要采取多样化的发展模式，推动休闲渔业与渔业资源的增殖有机结合。2019 年 1 月，农业农村部提出了促进传统水产养殖场向生态友好型发展转变，进行休闲化改造，并积极推进休闲观光渔业的发展。总体而言，海洋渔业与旅游业融合发展要以渔业作为基础，以旅游业为背景，并以丰富的"渔"文化特色为核心。

从休闲旅游的角度出发，目前我国旅游正逐步从"观光旅游"向"休闲度假"的方向转型，休闲旅游市场正快速扩张。与传统旅游业相比，休闲旅游更加强调旅游产品的专项性、体验性以及互动性，比如"海岛旅游""渔村旅游"等。2022

年7月，国家发展改革委、文化和旅游部联合印发《国民旅游休闲发展纲要（2022—2030年）》，这一纲要为优化旅游休闲环境、推动居民休闲旅游消费，以及促进海洋渔业和旅游业融合发展提供了明确指引。

2. 休闲渔业的概念

休闲渔业是将传统渔业和旅游业融合发展的最优路径。国内不同学者对于休闲渔业的概念界定存在差异，有专家认为休闲渔业是休闲娱乐通过渔业作为媒介所形成的产业，是一种劳逸结合的方式；部分专家认为休闲渔业是对环境、渔业、人力资源的优化配置和合理应用，实现第一、二、三产业的融合发展，从而带来传统渔业的产业升级以及为社会发展带来更大的经济效益和社会效益；其他专家则认为休闲渔业是将旅游业和渔业交叉结合的一种方式，也就是渔业旅游，其涵盖休闲垂钓、近海捕鱼和海岛观光等形式。

结合休闲渔业的特点和目前国内的发展现状不难发现，以休闲渔业的方式发展渔业旅游既可以提升旅游品质，同时也可以提高渔民收益，促进渔村的可持续发展。在此基础上，休闲渔业可以理解为渔业资源和旅游资源优化配置过程，是一种以海洋渔业资源为基础，同时具备多方面功能的旅游产业。

## 二、海洋渔业与旅游业融合发展的研究意义

一方面，随着社会经济快速发展，居民可用于休闲娱乐的可支配收入和时间增加，以度假、体验为主的休闲旅游的需求日益旺盛，这为研究海洋渔业和旅游业融合发展提供了现实契机。此外，由于历代渔民的不断捕捞，我国近海海域渔业资源正面临日益减少的情况，海洋环境也受到了大面积污染。为保护近海生态环境及缓解过度捕捞造成的渔业资源衰退，在"十一五"之后，我国开始实行海洋伏季休渔制度、捕捞许可管理制度、海洋捕捞产量"零增长"以及渔民转产转业等一系列有效的海洋保护管理制度。在大力推动海洋及渔业资源保护的情况下，将海洋渔业和旅游业进行产业融合、产业结构调整和优化，是保护海洋生态环境、促进渔民转产转业、实现乡村振兴的重要途径。

另一方面，海洋渔业与旅游业融合发展是粤港澳大湾区大力发展海洋经济的重要板块。中共中央、国务院在2019年印发的《粤港澳大湾区发展规划纲要》第八章第三节中针对滨海旅游提出了"促进滨海旅游业高品质发展，加快'海洋—

海岛—海岸'旅游立体开发，完善滨海旅游基础设施与公共服务体系"的指引。与此同时，整个粤港澳大湾区拥有漫长的海岸线以及广阔的海域面积，渔业文化内涵丰富，广州莲花山渔港、香港大澳渔村、珠海万山渔场、惠州巽寮渔港等都是我国著名渔场。在传统渔业日渐式微的情势下，如何以旅游业为引领、渔业为基础，带动整个现代渔业的发展，为渔业赋能，带来现代渔业的更大产值，是粤港澳大湾区发展海洋经济、维护海洋生态保护的重中之重。

## 三、全国渔业市场分析

### （一）渔业市场规模分析

渔业加速发展，聚焦提质增效。党的十八大以来，渔业发展受到党和国家的高度重视，渔业地位不断提升，每年印发的聚焦"三农"的中央一号文件都有渔业内容，对水产养殖发展有所要求。从 2014 年提出大力开展水产健康养殖创建活动，到 2018 年提出大力发展绿色生态健康养殖，再到 2022 年提出稳定水产养殖面积，水产养殖发展的重点、方向不断调整和变化。农业农村部在 2022 年 8 月召开的"十四五"渔业高质量发展推进会上提出，养殖业是我们保供的重头，要稳定养殖水域面积、推进绿色健康养殖、促进水产种业振兴，稳步提升现有生产能力，夯实水产品供给基础。由此可见，稳定水产养殖是当前及今后一段时期一项非常重要的工作。

我国水产品市场规模大，为渔业供给主要渠道。根据《中国渔业统计年鉴》公布的数据，可以得出以下两个结论：一是目前我国的水产品市场规模巨大，总量逐年上升，2022 年水产品总产量达到了 6 865.91 万吨，同比增长 2.67%，达到近七年来增长率的最大值（见图 6 - 1）；二是我国水产品保供的渠道主要有两个——水产养殖以及捕捞。2022 年，我国水产养殖产量、捕捞产量分别占总产量的 81.06% 和 18.94%；2017—2022 年，我国水产养殖产品与捕捞产品产量之比持续上升，从约 76∶24 上升至约 81∶19。从 2017—2022 年全国水产品产量构成情况（图 6 - 2）可以看出，"十三五"以来我国水产品总产量持续增加，主要原因在于自然环境保护重视程度的逐渐加强，人工养殖成本的逐步下降以及养殖技术的不断提升，水产养殖产量呈上升态势、捕捞产量呈递减态势。我国水产养殖产量远高于捕捞产量，且占比不断提升，水产养殖是目前水产品保供的主渠道，是水产品保供的重头。

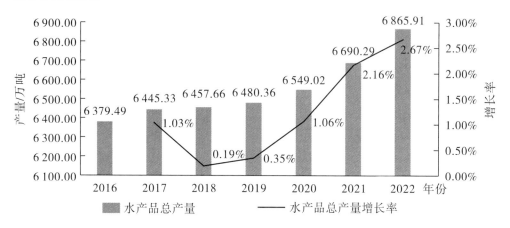

**图6-1　2016—2022年全国水产品总产量**

资料来源：《2023中国渔业统计年鉴》。

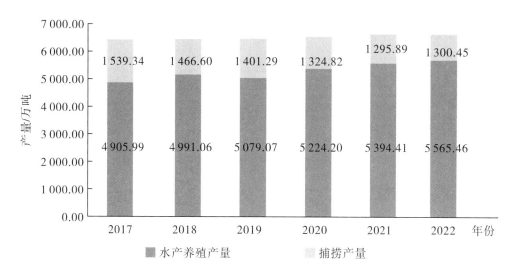

**图6-2　2017—2022年全国水产品产量构成情况**

资料来源：《2023中国渔业统计年鉴》。

## （二）休闲渔业市场规模分析

旅游信心提振，休闲渔业逐步回暖。2022年，在我国统筹推进新冠疫情防控和经济社会发展的大环境下，我国休闲渔业呈现复苏回暖态势，表现出总体平稳、稳中向好的特点。2022年全国休闲渔业产值为847.40亿元，同比增长5.21%，但仍未恢复到 2019 年水平（943.18 亿元）。2013—2022 年全国休闲渔业产值变化如图 6-3 所示。《中国休闲渔业发展监测报告（2022）》显示，2021 年全国休闲渔业经营主体数量 13.46 万个，同比增长 4.88%，其中规模以上经营主体（指休闲渔业年产值达 200 万以上的经营主体）数量 1.43 万个，占经营主体总量的 10.63%；从业人员数量 76.47 万人，同比增长 4.11%；接待人数 2.32 亿人次，同比增长 3.04%，人均消费支出 347.04 元，与 2021 年基本持平；全国休闲渔业船舶数量 7 786 艘，同比下降 6.15%，其中海洋休闲渔业船舶数量与上年持平、内陆休闲渔业船舶数量同比下降 9.40%。

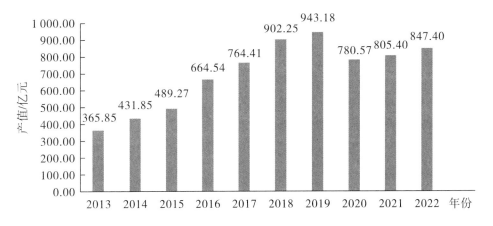

**图 6-3 2013—2022 年全国休闲渔业产值**

资料来源：《2023 中国渔业统计年鉴》。

## （三）产业结构分析

### 1. 水产养殖产业结构分析

淡水池塘、海上养殖助力水产渔业发展。从 2021 年我国水产养殖产量构成情况（按水域分，见图 6-4）看，在海水养殖中，产量最高的是海上养殖 1 316.31 万吨，占水产养殖产量的 24.40%；其次是滩涂养殖 622.42 万吨，占 11.54%；其他养殖 272.41 万吨，占 5.05%。在淡水养殖中，产量最高的是池塘 2 350.79 万吨，占水产养殖产量的 43.58%、占淡水养殖产量的 73.85%；之后，依次是稻渔综合种养 355.69 万吨、水库 281.71 万吨、湖泊 80.50 万吨、河沟 48.34 万吨，分别占水产养殖产量的 6.69%、5.22%、1.49% 和 0.90%；还有其他养殖 66.25 万吨，占养殖产量的 1.23%。海水的海上、滩涂养殖产量合计 1 938.73 万吨，占水产养殖产量的35.94%、海水养殖产量的87.68%；淡水的池塘、稻渔、水库、湖泊养殖产量合计3 068.69万吨，占水产养殖产量的56.98%、淡水养殖产量的96.40%。据此，海水的海上、滩涂养殖和淡水的池塘、稻渔、湖泊、水库养殖对水产品供给的贡献起主导作用，尤其是淡水池塘对水产养殖产量的贡献最大。

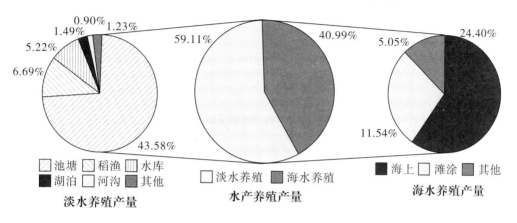

**图6-4　2021年我国水产养殖产量构成情况**

资料来源：《2023中国渔业统计年鉴》。

2. 休闲渔业产业结构分析

旅游与渔业融合发展，是未来休闲渔业发展主要方向。根据农业农村部对休闲渔业的监测分类，我国的休闲渔业可以被进一步细分为五种类型，具体如下：旅游导向型休闲渔业，以提供休闲娱乐体验和旅游观光为主要目的；休闲垂钓及采集业，涵盖了垂钓和采集活动，让人们享受自然和放松心情；钓具、钓饵、观赏鱼渔药及水族设备，包括销售钓具、钓饵、观赏鱼以及与渔业相关的药品和设备；观赏鱼产业，针对可观赏的鱼类养殖和销售，满足人们的观赏需求；其中，旅游导向型休闲渔业、休闲垂钓及采集业为主导产业，2021年两者产值分别为325.45亿元、252.21亿元，合计占全国休闲渔业产值的71.72%。

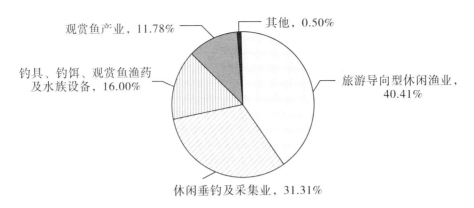

**图6-5  2021年我国休闲渔业产业结构**

资料来源：《2022中国渔业统计年鉴》。

## （四）市场布局分析

1. 水产品市场布局分析

广东、江苏等沿海省份渔业产值规模较大，主导全国渔业经济。据中国水产协会统计数据，2022年，全国渔业综合产值达1 500亿元以上的省域有5个，按渔业综合产值从高到低依次为广东、江苏、福建、山东以及湖北；渔业综合产值在1 000亿~1 500亿元的省域以浙江省为代表。

广东、山东等沿海省份渔业水产品产量较大，持续保持全国渔业供给。据《2023中国渔业统计年鉴》，从产量来看，2022年中国水产品产量在500万吨以上的省域有6个，按产量从高到低排列依次是广东、山东、福建、浙江、江苏以及湖北；水产品产量在300万~500万吨的省域有2个，依次是辽宁、广西。

2. 休闲渔业市场布局分析

沿海省份渔业资源丰富，是发展休闲渔业的主要区域。以沿海和内陆划分，2021年，我国沿海11个省、区、市旅游导向型休闲渔业营业额总和188.28亿元，内陆19个省、区、市旅游导向型休闲渔业营业额总和137.17亿元，二者相差51.12亿元。2021年全国沿海和内陆旅游导向型休闲渔业营业额在全国旅游导向型休闲渔业营业额中的占比见图6-6。

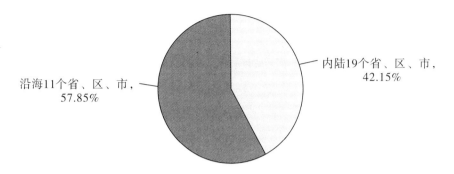

图 6 - 6 2021 年我国旅游导向型休闲渔业内陆和沿海省、区、市产值占比情况

资料来源:《中国休闲渔业发展监测报告 (2022)》。

观赏鱼产业增速较快,广东产值占比较大。2021 年,全国观赏鱼产业产值 94.86 亿元,同比增长 5.53%。其中,淡水观赏鱼产值 80.88 亿元,广东和山东淡水观赏鱼产值分别为 22.51 亿元和 15.27 亿元,占全国总量的 46.71%;海水观赏鱼产值 13.98 亿元,广东海水观赏鱼产值 11.99 亿元,占全国总量的 85% 以上。广东和山东两省观赏鱼产业产值合计占全国总量的 53.64% (见图 6 - 7)。

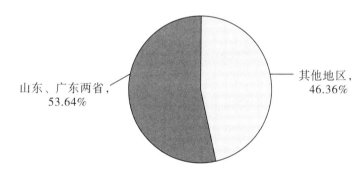

图 6 - 7 2021 年广东省和山东省观赏鱼产业产值占全国比重

## 四、广东省海洋渔业和旅游业市场分析

广东渔业发达,多项渔业产值位居全国第一。"世界渔业看中国,中国渔业看广东",广东省渔业资源丰富,渔业类的相关数据统计有 8 项位列全国第一 (见表 6 - 1),水产品总产量和养殖产量均位居全国第一;在海水养殖中,军曹鱼、石斑鱼、南美白对虾等产量均位居全国第一。在大力发展养殖产业的同时,广东省大

力推进海洋渔业同第三产业融合发展，特色渔村、休闲渔业等建设实施成效显著，为渔业发展持续提供新动力。

表 6 - 1  广东省排名第一的 8 项渔业数据

| 序号 | 渔业数据 |
|---|---|
| 1 | 渔业经济总产值全国第一 |
| 2 | 水产总产量连续三年全国第一 |
| 3 | 水产养殖产量蝉联全国第一 |
| 4 | 水产苗种产量全国第一 |
| 5 | 罗非鱼苗种数量全国第一 |
| 6 | 南美白对虾苗种数量全国第一 |
| 7 | 海水养殖品种军曹鱼、石斑鱼、南美白对虾、斑节对虾、青蟹等产量均居全国第一 |
| 8 | 淡水养殖品种草鱼、鳜鱼、鲈鱼、罗非鱼、罗氏沼虾等产量均居全国第一 |

## （一）广东省渔业市场规模分析

广东渔业产值稳步增长，渔业经济繁荣发展。据图 6 - 8 数据统计，2021 年广东渔业经济总产值达 4 087.71 亿元，与 2012 年的 1 983.64 亿元相比，年平均增长 233.79 亿元，年均增长率为 8.37%，居全国第一。2021 年广东省渔民人均收入达到了 22 437 元，渔民人均收入逐年上涨，如图 6 - 9 所示。但近年来，无论从渔业产值还是渔民收入来看，其增长率都出现了一个急速下滑的趋势，2021 年渔业产值增长率和渔民收入增长率下降到历史最低点，分别为 6.43% 和 0.28%，因此急需产业增长点带动广东省渔业实现新的可持续增长。

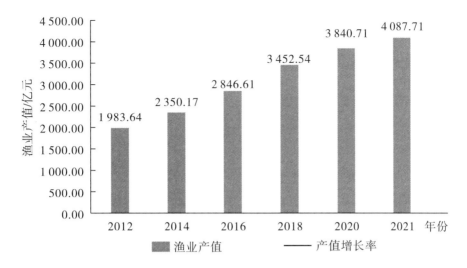

**图 6 - 8　2012—2021 年广东省渔业产值**

资料来源：广东省农业农村厅。

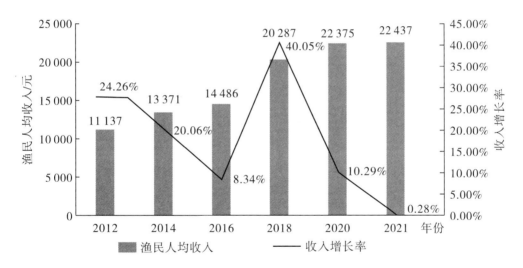

**图 6 - 9　2012—2021 年广东省渔民人均收入**

资料来源：广东省农业农村厅。

广东水产养殖占比较高，捕捞产量逐年下降。2021 年广东省渔业产业结构如图 6 - 10 所示。2021 年，广东省水产品总产量 885 万吨，居全国第一位，比上年增长 1%。其中海洋捕捞产量（不含远洋）113 万吨，下降 0.4%；远洋渔业 6 万吨，下降 1%；内陆捕捞产量 9 万吨，下降 9.74%。全省水产养殖产量 757 万吨，增长 1.36%，连续 25 年居全国首位。海水养殖产量 336 万吨，居全国第三位，增长 1.51%；淡水养殖产量 421 万吨，居全国第二位，增长 1.24%。水产养殖面积保持平稳，其中海水养殖 16.68 万公顷，淡水养殖 30.99 万公顷。捕捞产量逐年下降，水产养殖成为未来广东省渔业产值的主要增长点。与此同时，面对鱼类捕捞带来的生态环境恶化、生物多样性下降等问题，水产养殖与第三产业融合发展或成未来近海以及远洋渔业发展现状下的新出路，还将带来较高产业附加值的新型动力。

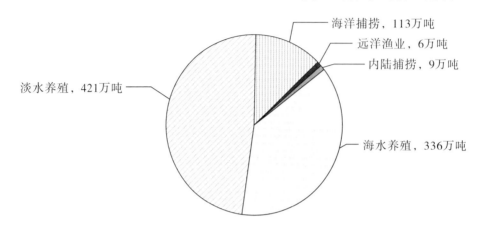

图 6-10　2021 年广东省渔业产业结构

资料来源：广东省农业农村厅。

水产加工、贸易产业稳步发展。广东水产加工品总量由 2012 年的 145.70 万吨增长至 2021 年 148.36 万吨；水产品出口总量由 2012 年的 43.83 万吨增长至 2021 年的 61.50 万吨（见图 6-11）。

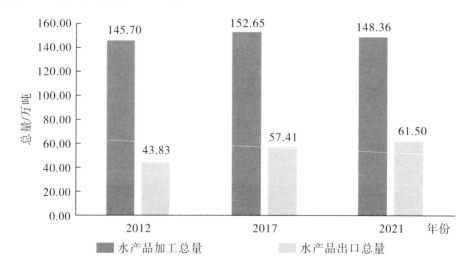

图 6-11　2012—2021 年广东省水产品加工总量及出口总量

资料来源：广东省农业农村厅。

广东渔业养捕比例提高，产业附加值增加。图6-12展示了近年来广东省水产品养殖和捕捞产量情况。2012—2021年，广东渔业养捕比例由78.5∶21.5提高到85.6∶14.4。2012年，广东省水产品养殖产量为619.83万吨，占水产品总量的78.5%，捕捞产量为169.67万吨，占水产品总量的21.5%。2021年，广东省水产品养殖产量达756.81万吨，占水产品总量的85.6%，比2012年增长136.98万吨，年均增长15.22万吨，稳居全国第一；捕捞年产量为127.71万吨，占水产品总量的14.4%，比2012年减少41.96万吨，年均减少4.66万吨。

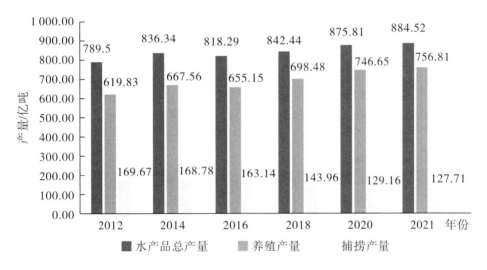

图6-12 2012—2021年广东省水产品养殖和捕捞产量

资料来源：广东省农业农村厅。

渔船结构优化，捕捞强度控制取得成效。近年来广东省机动渔船的数量变化如图6-13所示。2012—2021年，广东渔船结构明显优化，渔船数量明显减少，渔业捕捞总产量逐年下降，捕捞强度控制取得一定成效。2021年末广东机动渔船数量为48 682艘，比2012年末的66 615艘减少17 933艘，年均减少1 993艘。

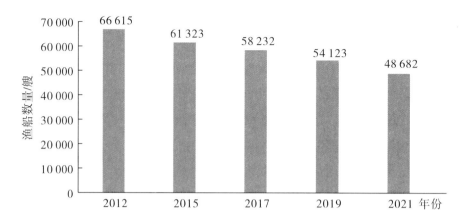

**图 6 - 13　2012—2021 年广东省机动渔船数量**

资料来源：广东省农业农村厅。

## （二）广东省海洋经济产业结构分析

广东海洋产业结构逐步优化，第三产业成海洋经济发展新动力。截至 2021 年，广东省海洋产业结构进一步优化，海洋三次产业结构比为 2.5∶27.5∶70.0，其中以海洋第三产业占比最高，近年来维持在 70% 左右（见图 6 - 14）。从进一步的具体细分产业来看，滨海旅游业、海洋交通运输业、海洋油气业以及海洋渔业对海洋产业增加值的贡献最大，总计达到了 92%，是海洋经济发展的重要支撑点。具体关注渔业经济，产业结构也在不断调整，渔业经济一、二、三产业产值比例由 2012 年末的 47∶18∶35 调整到 2021 年的 44∶11∶45（见图 6 - 15），渔业流通和服务业成为渔业经济中的核心产业。

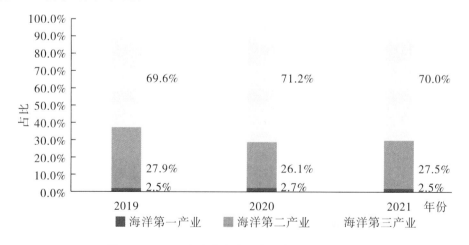

**图 6 - 14　2021 年广东省主要海洋产业增加值构成**

资料来源：《广东海洋经济发展报告（2022）》。

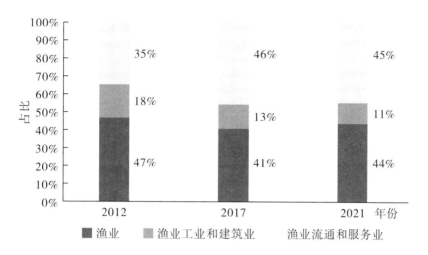

**图 6 - 15　2012—2021 年广东省渔业第三产业经济结构变化**

资料来源：广东省自然资源厅。

在渔业流通和服务业中，休闲渔业的产业规模不断壮大。2021 年广东休闲渔业产值约 121.39 亿元，位居全国第三，牢牢占据国内休闲渔业产值头部位置，为渔业发展增添了新的活力。近十年来，广东省渔业稳步发展，大力推进渔业三产融合发展，特别是 2018 年融入大农业后，在现代农业产业园、"一村一品、一镇一业"等重大项目中优先支持水产发展，提出推动形成"百园强县、千亿兴农"的农业产业兴旺新格局，产业融合发展取得实效。截至 2022 年底，广东省已创办并成功运营了 2 个国家级现代农业产业园和 37 个省级现代农业产业园，其规模和数量在全国范围内处于领先地位。这些园区的创建对增加广东省主要特色优势水产品种类起到了积极的引领作用，为广东省的水产品产业发展提供了强有力的支持，进一步巩固了广东省在国内水产品领域的主导地位。同时，广东省积极推动当地特色水产品走向全国市场，截至 2022 年底，已获得国家农产品地理标志登记证书的水产品达 11 个，台山青蟹、顺德鳗鱼、客都草鱼、台山蚝等"粤"字号水产品深受消费者喜爱。截至 2022 年 9 月，广东累计已有 18 个获得地理标志的"国字号"水产品。

## （三）广东省海洋旅游业发展现状分析

旅游经济开始恢复，多地形成特色旅游文化。2021 年，广东省海洋旅游业增加值 2 886 亿元，同比增长 9.0%。14 个沿海城市接待游客 3.7 亿人次、旅游收入

4 647.2 亿元，分别同比增长 28.5% 和 18.5%；现有滨海类省级以上旅游度假区 8 家。14 个沿海城市文化和旅游行政部门联合签署《广东滨海（海岛）旅游联盟章程》，成立广东滨海（海岛）旅游联盟。全国首个采用"公益＋旅游"开发的无居民海岛——三角岛完成客运码头等基础设施建设。第十七届中国（深圳）国际文化产业博览交易会、第十九届南海（阳江）开渔节暨 2021 年南海（阳江）渔业海钓装备展览会等活动成功举办。截至 2022 年，广州、江门、阳江、汕头、湛江、潮州、惠州、茂名、佛山 9 个城市加入"海上丝绸之路保护和联合申报世界文化遗产城市联盟"。珠海、江门等地与澳门旅游业界签订旅游业务合作框架协议，结成旅游推广战略合作伙伴。

## 五、粤港澳大湾区海洋渔业与旅游业融合发展现状

### （一）粤港澳大湾区海洋渔业与旅游业融合发展历程

大湾区各地发展海洋休闲渔业的时间较久，香港、澳门作为曾经的渔港，早在 20 世纪初就有一些本地居民和外地游客参与渔船观光活动，20 世纪 90 年代初，广州番禺、中山等地也已经先后有了渔业和旅游业融合发展的趋势。总体来看，粤港澳大湾区海洋休闲渔业的发展可以分为以下四个阶段：

1. 萌芽阶段

渔业捕捞产量下降，海洋休闲渔业兴起。在 20 世纪 90 年代中期，受南海渔业资源减少、渔获物价格持续下降以及石油和天然气价格不断上涨等多种因素的影响，海洋捕捞产量急剧下降，渔民收入锐减。为了应对这一局面，渔民被迫开始发展水产养殖，并将其与渔村特色相结合发展旅游业。自此，海洋休闲渔业在大湾区逐渐兴起；在广州番禺、中山和东莞等地，一些渔民主动引领游客参与海上捕鱼活动和海岛观光，为他们提供独特而难忘的海洋旅游体验；香港的大澳渔村作为岛上最早被开发的渔村，以建于水上的高脚棚屋而闻名，不断吸引外来游客观光。

2. 起步阶段

渔业捕捞量持续下降，渔业开发观念转变。20 世纪 90 年代中期，由于海上渔业资源逐渐下降，地方渔民的渔船出海价值也逐步提高，全国各个地方政府据此

状况对渔船实行了集中式监管，逐步改变了渔业的开发观念。1995年，广州市番禺区组建了"广州番禺伶仃洋旅游有限公司"，这是中国国内最早实现大规模自由渔船向休闲渔业过渡的先导队伍；此外，珠海、惠州等地的渔民开始自发地带领游客在近海捕鱼。在这一阶段，多样化的渔业与旅游业融合模式为其他沿海省份如山东、福建、浙江等地提供了良好的参考范例。

3. 转折阶段

各地缺乏监管，休闲渔业停滞。在2000年左右，由于当地部门缺乏相应的监管政策，渔民之间的恶性竞争以及对环境的污染破坏，粤港澳大湾区的海洋休闲渔业发展遭遇了停滞期。到了2001年9月，广东省政府相关部门因存在安全隐患等问题全面禁止了渔船的载客行为，渔业旅游受到了严格的管控。

4. 发展阶段

休闲渔业逐步规范化，向数字化方向转变。明确了休闲渔业的经营理念、经营场所以及管理方式后，粤港澳大湾区的休闲渔业逐步走向规范化，并向着特色化、数字化的方向前进。珠海市打造智慧渔业大数据平台，助力水质生态环境指标监测实现自动化，实时保障渔村水质以及鱼类生存状况，实现生态、旅游、渔业的协调发展；香港特区政府公布《渔农业可持续发展蓝图》，强调运用财政支援、科技应用等方式，推动渔业与旅游业等行业融合，实现产业多元化与可持续发展。

## （二）粤港澳大湾区海洋渔业与旅游业融合发展现状

近几年，粤港澳大湾区各地均有相应措施以积极推动海洋渔业和旅游业的融合发展，例如珠海市编制了海洋休闲渔业区建设规划，力争建设全国海洋休闲渔业基地，目前形成了海洋休闲垂钓、海洋旅游以及观赏鱼批发零售三大产业。在深圳大鹏沙鱼涌附近海域，一座现代化海洋牧场已在规划中，同时深圳还提出深度挖掘深圳特色渔文化内涵、建设各类休闲渔业载体、大力发展都市休闲渔业的主要目标。通过几年的重点培育和发展，目前粤港澳大湾区形成了四个特色鲜明的休闲渔业产业带，分别为休闲海钓型、渔业生产体验型、海洋观光海岛度假型、渔业生态文化型，具体如表6-2所示。

表6-2 粤港澳大湾区休闲渔业类型

| 序号 | 类型 | 特点 | 主要分布区域 |
|---|---|---|---|
| 1 | 休闲海钓型 | 以渔业资源为基础，以休闲娱乐为内容，在石矶、岛礁、船上等场所开展垂钓活动 | 珠海、深圳、江门、中山、香港 |
| 2 | 渔业生产体验型 | 游客直接体验传统渔业捕捞作业、渔业生产活动 | 广州、珠海、惠州 |
| 3 | 海洋观光海岛度假型 | 渔民提供渔船，带游客走进海洋自然环境，结合海岛等旅游景点，构造以渔港风光、渔村风情、渔区品鲜、海上运动、海珍品展示为主要内容的休闲渔业方式 | 珠海、惠州、深圳、东莞、江门、澳门 |
| 4 | 渔业生态文化型 | 以宣传海洋生态保护为主题，展示渔业文化和渔家习俗为内容，集生态保护、科普教育、观赏娱乐为一体 | 广州、珠海、深圳 |

1. 休闲海钓型

以丰富多样的渔业资源为基础，提供休闲娱乐。休闲海钓是粤港澳大湾区目前发展海洋休闲渔业的重要方式之一。近年来，在深圳大鹏新区举行的休闲海钓活动充分将深圳最长的生态海岸线利用起来，全面展示当地得天独厚的垂钓条件和休闲旅游资源，将垂钓活动打造成为全民休闲渔业、文化旅游、体育竞技的新亮点。

2. 渔业生产体验型

参与捕鱼生产，体验捕鱼特色。同传统渔业生产捕捞不同，渔业生产体验型休闲渔业是让游客真正参与真实的传统捕捞，让人们可以亲身体验到传统的捕捞文化与渔村特色。2023年8月16日，南海伏季休渔期正式结束，南海渔民们开启了新一轮耕海牧渔的作业生活，各地游客纷至沓来，亲自参与到渔民的捕鱼生产环节中，体验大湾区特色的捕鱼文化。

3. 海洋观光海岛度假型

发展滨海旅游，形成休闲渔业一体化发展。渔民提供渔船，结合海岛、海洋等渔业空间和自然环境，极力打造以海上运动、渔区品鲜、海岛观光为一体的生态旅游方式。目前珠海、惠州、深圳等地的海洋观光海岛度假型旅游已发展成为当地特色休闲渔业类型。例如，惠州市积极发展滨海旅游业，拥有三角洲岛、盐洲岛等极其丰富的海岛资源，通过大力开发海岛资源，打造惠州海湾旅行的特色名片。

**4. 渔业生态文化型**

打造文化旅游，传播渔民文化。渔业生态文化型休闲渔业即通过集成大湾区丰富的渔业文化、各地区特色的渔家风俗，打造湾区特色渔业文化旅游和湾区渔业展览会。整个粤港澳大湾区拥有悠久的渔业文化，例如主要分布在珠海、深圳、江门新会、香港等地的"海上游牧民族"疍家文化。目前在珠海的斗门区，极好地传承和保护了疍家文化，拥有"斗门水上婚嫁""装泥鱼"等国家级非物质文化遗产，排山村、南门村两个国家级传统村落，前来观光旅游的游客们不仅可以品尝到疍家特色美食，还能够亲身体验"咸水歌"等丰富的疍家文化。

## （三）粤港澳大湾区海洋渔业与旅游业融合发展的优势

一是经济发展迅猛，湾区市场前景好。改革开放以来，粤港澳大湾区各地经济发展迅猛。结合港澳统计部门公布的 2022 年经济数据，2022 年粤港澳大湾区经济总量超 13 万亿元人民币，其中深圳市以 3.23 万亿元位居大湾区第一、全国第三，仅次于北京、上海。2022 年底，粤港澳三地政府联合举行粤港澳大湾区全球招商大会，现场达成合作项目 853 个，投资总额达 2.5 万亿元人民币。广东省政府在 2024 年广东省十四届人大二次会议的政府工作报告中提到，2024 年广东省经济社会发展的主要预期目标是：地区生产总值增长 5%，其中大湾区内地 9 市的目标增速均等于或高于此目标，经济发展潜力较大。大湾区经济的繁荣发展，各项商业投资陆续落地，为该地区休闲旅游业的发展提供了充足的商业保障和市场主体。同时，人民生活的不断改善也带来了游憩需求的持续增长。

二是地理位置优越，海洋资源丰富。粤港澳大湾区因其靠近珠江入海口且拥有良好的海洋生态和丰富的生物多样性，具备发展海洋休闲渔业的天然优势。通过对珠江口、雷州半岛入海口、大亚湾等海域进行海洋生物多样性监测，已鉴定出了 908 种海洋生物；在具体的海域中，珠江口、大亚湾、雷州半岛珊瑚礁和南澳岛分别鉴定出了 360 种、352 种、239 种和 333 种海洋生物。近年来，基于丰富的渔业资源，粤港澳大湾区在整体旅游产业规模、产品打造以及湾区影响力方面取得了长足的进步。这些成就为粤港澳大湾区发展休闲渔业提供了得天独厚的优势。

三是人工鱼礁建设效果显著，推动生态修复。广东省在 2001 年提出生态人工鱼礁工程的建设，自此广东省成为我国最早大规模实施人工鱼礁建设和增殖放流的省份。人工鱼礁建设工程的实施，保护修复了资源环境并促进了渔民转产增收，截至 2018 年，渔业资源物种增加了 2 倍，渔业资源密度提高了 8.7 倍。在惠州大辣甲岛、深圳杨梅坑、珠海东澳等人工鱼礁区，海洋生物覆盖率达到了 95%。经专家评估，截至 2019 年，广东省已建成的人工鱼礁区每年产生的生态效益达 212亿元，每年固碳量 7 万吨，消减氮 5 927 吨、磷 593 吨，人工鱼礁建设成效明显。人工鱼礁的建设成果为海洋旅游业的发展带来了积极的正向效果，促使餐饮、交通、住宿等方面的直接收益增加了 4 000 亿元。

四是消费市场广阔，发展潜力巨大。粤港澳大湾区拥有广州、深圳、香港、澳门四个世界级城市，地区经济发达、人民消费意愿强烈，对休闲娱乐的需求较其他地区更加旺盛。而以休闲垂钓、海岛观光等形式为主的渔业旅游，因其汇集娱乐休闲、美食众多等因素，受到了广大中产人群的喜爱。毫无疑问，粤港澳大湾区巨大的消费市场为休闲渔业的飞速发展带来了先天优势。

## 第二节　海洋渔业与旅游业融合发展现存问题

目前，粤港澳大湾区海洋休闲渔业发展单一化、同质化现象仍然存在，在相关规划中，没有针对海洋休闲渔业产业相关的具体规划和项目，产业可持续发展路径不明晰，缺乏相应的触发点。粤港澳大湾区休闲渔业发展存在的主要问题包括以下几个方面。

### 一、发展观念滞后

渔业旅游发展存在诸多问题，各地同质化较为严重。广东省在 2020 年出台了《广东省休闲渔业管理办法》，对广东省发展休闲渔业进行了总部署，但在粤港澳大湾区，并未制定相应的政策以满足地区特色需求；同时，诸如珠海、惠州等拥有天然渔业优势的城市，在休闲渔业方面的管理依然相对滞后，政策文件较为缺失；外加近年受疫情影响，旅游业持续萎靡，急需先进的发展观念和政策措施来振兴旅游经济。大湾区并未在休闲渔业板块针对振兴旅游经济开展相关部署，这十分不利于大湾区在未来可持续化发展休闲渔业。

## 二、缺乏产业触发点

大湾区休闲渔业规模较小，服务档次相对低下。目前，整个粤港澳大湾区的休闲渔业仍然以渔村观光、休闲垂钓和海鲜农家乐为主，产业投入规模小，并未真正融合第一、二、三产业，缺乏一个强有力的触发点。2021年，广东省休闲渔业产值为121.39亿元，而渔业总产值为4 087.71亿元，休闲渔业占比仍然相对较少，仅为渔业总产值的2.97%。大部分海洋休闲渔业基地尚未形成真正的统一产业市场，建设规模和投资较小，规模效益尚未形成；餐饮、住宿等配套设施未能形成一站式服务，由于大多数设施类型简单、服务档次低下，投资价值较小；相关设备和技术比较落后，并不能适应各种游客的消费需要。大湾区必须认清休闲渔业在海洋经济中的定位与重要性，以期更好地在立足现状的基础上，实现产值的突破和产业的可持续发展。

## 三、环境破坏严重

缺乏有效监管，导致海洋环境污染。相对于商业渔业，休闲渔业投入更低，但带来的产业附加值更大，以与海洋旅游业结合的方式来推动传统渔业的发展是一条可持续且有益的发展路径。然而，由于在发展过程中缺乏对休闲渔业的有效监管，海洋生态环境遭到了严重的破坏。一是过度捕捞。在让游客参与的捕捞生产体验中，没有限制捕捞量和规定合理的保护期限，导致过度捕捞，特别是对于一些较为珍贵的物种，这将导致鱼类数量的大幅减少，影响渔业资源的可持续性。二是破坏栖息地。大湾区的渔业多集中在珠江入海口以及南海近海区域，目前缺乏科学的规划和管理，过度的人为活动会对鱼类和其他生物的栖息地造成破坏，如踩踏海底植被、破坏珊瑚礁，或使用具有破坏性的渔具捕捞鱼类等。三是污染和废弃物排放。休闲渔业活动产生的垃圾和废弃物，如渔具碎片、塑料袋和钓饵容器等，如果没有被妥善处理，无疑会导致海洋环境受到进一步污染。此外，一些钓鱼者可能在垂钓活动中非法使用和排放化学物质，如使用禁用的鱼饵或有害的化学剂，对环境造成负面影响。

## 四、跨部门协调效率低下

各行业、地区存在沟通壁垒，工作效率低下。海洋休闲渔业是一种将海洋渔业和旅游业相结合的发展模式，其主管部门是海洋与渔业行政主管部门。然而，由于海洋休闲渔业具有跨产业的特殊性质，它涉及旅游、交通、海事、工商等多个部门和单位的合作与协调。在跨行业、跨地区的政策引导、管理法规、行业政策和行政法规的制定过程中，大湾区各部门间仍存在一定的沟通壁垒，导致效率低下。针对这一情况，亟须结合具体地区的渔业发展现状，制定一系列灵活且具备可操作性的政策和法规。

## 五、复合人才缺乏

从业人员增加，但专业和高级人才仍然较紧缺。尽管休闲渔业发展前景广阔，但其人才并未受到足够重视。大湾区渔业旅游规划的相关政策更多强调的是对资源环境的保护以及科学技术的应用，在渔业旅游的复合型人才培养方面仍存在一定的缺失。作为新兴渔业发展的必然产物之一，渔业人才的储备对休闲渔业的发展具有重要的支撑作用。休闲渔业涉及资源保护、交通、旅游、餐饮、导游等多个领域，仅仅拥有渔业专业知识是不够的，复合型人才才能符合海洋休闲渔业的发展要求。

## 第三节 海洋渔业与旅游业融合发展的机遇与挑战

粤港澳大湾区作为中国经济发展的重要引擎之一，正面临着海洋渔业与旅游业融合发展的机遇与挑战。在机遇方面，一是随着疫情政策调整，旅游市场需求旺盛；二是政府给予政策支持，持续推进粤港澳大湾区一体化建设和海洋经济发展；三是现代渔业科技不断创新，为海洋渔业与旅游业的融合发展提供了技术支持和可能性。在挑战方面，一是近海污染问题较为严峻，海洋生态环境保护成为重要议题；二是粤港澳大湾区的城市差距较大，需要加强区域一体化建设来实现协同发展；三是邻省海洋休闲渔业的快速发展可能给粤港澳大湾区的海洋休闲渔业发展带来竞争压力；四是日本核污染水的排放加剧了海洋污染问题，粤港澳大湾区需要加强海洋资源保护与治理。

## 一、粤港澳大湾区海洋渔业与旅游业融合发展的机遇

### （一）　旅游市场需求旺盛

旅游作为第三产业，收入弹性高，发展潜力大。2022 年末我国疫情防控政策持续优化，国内旅游需求迅速释放，2023 年第一季度，国内旅游业营业收入 1.3 亿元，较 2022 年同期增长了 69.5%。随着疫情影响的逐渐消退，国内旅游热度持续上升，相继出现了淄博烧烤、江西武功山等热门旅游景观。在这样的大环境下，积极健康、休闲娱乐的海洋休闲渔业发展潜力巨大，打造具有粤港澳大湾区特色的休闲渔业旅游方式，形成区域旅游名片和网红旅游景区是未来发展大湾区休闲渔业的重要发展方向。

### （二）　符合国家政策方向

渔业供给侧改革，助推产业升级。目前，国内外渔业旅游的健康、可持续发展，已经得到了有关部门的高度重视，刺激着渔业市场向渔业旅游开发领域倾斜。粤港澳大湾区作为国家级城市群，为提高综合竞争力，切实提高渔业发展的质量和效益，正紧紧抓住"转方式、调结构"的主线，持续深化推进以"去产能、降成本、补短板"为主体的渔业供给侧结构性改革，并将生态文明建设融入其中。而渔业旅游既是生态文明建设中的重要路径之一，又切实吻合"着力培育新功能、打造新业态、扶持新主体、拓宽新渠道、加快推进渔业结构调整和转型升级，打造渔业经济新增长极"的战略部署，正是符合国家政策方向的绿色产业。2019 年，广东省提出《广东省沿海人工鱼礁建设规划（2019—2030）》，进一步促进广东省渔业资源恢复、生态环境改善和渔民增收增产；2023 年 2 月，江门市人民政府印发了《江门渔港经济区建设规划（2021—2030 年）》，明确提出"搭建珠江口西海岸区域性水产品保供枢纽型平台、创建国际性休闲渔业与滨海渔业文化旅游胜地"

的目标定位。

### （三） 现代化渔业飞速发展

水产技术提高，推动渔业数字化。近年来，随着我国水产品加工技术水平的不断提高，水产品的国际竞争能力不断增强，渔业生产效率不断提高；同时，伴随着我国渔业信息化、数字化建设的不断深入，我国渔业的现代化发展进程也随之加速，"十三五"期间，我国开展了国家水生生物种质资源库、南极磷虾捕捞船等重点渔业工程，荣获国家科技进步奖 9 项，开发了 61 个新品种。科技的飞速进步，让传统渔业由捕捞为主向水产养殖为主转变，海洋捕捞逐步转变成为人们的休闲娱乐方式。与此同时，水产养殖的方式大大提高了渔业的产量以及稳定性，渔业旅游的拓展则丰富了渔业产业，增加了渔业产业的附加值。

## 二、粤港澳大湾区海洋渔业与旅游业融合发展的挑战

### （一） 近海污染问题严峻

珠江水质污染问题严峻，阻碍渔业旅游发展。根据广东省生态环境厅公布的数据，2021 年，广东省近岸海域年均优良水质（一、二类）面积比例为 90.2%，一类、二类、三类、四类和劣四类海水水质面积比例分别为 78.4%、11.8%、3%、1.4%、5.4%。劣四类海水水质主要分布在珠江口岸，其中污染源占比最多的是塑料类垃圾，达 71.9%，其次是一些烟头、泡沫污染。严重的近海污染对大湾区发展海洋休闲渔业造成了巨大的打击，首先是金属含量的超标导致鱼类大面积死亡和大量金属物质残留在鱼类体内，作为休闲渔业发展的根基，非健康的渔业生态将导致整个行业无法持续性发展；其次是大湾区海域大量存在的塑料、香烟过滤嘴，不仅破坏了整个近海区域的美观程度，其中包含的大量聚乙烯等物质还会造成严重的水污染。如果不能持续落实好珠江口海域综合治理攻坚战行动，保持近岸海域水质稳定，那么粤港澳大湾区的渔业旅游在发展过程中将面临巨大的阻碍。

### （二） 大湾区城市差距大

一是粤港澳大湾区核心城市，人均收入差距较大。就经济总量而言，香港的

GDP 总值已经被深圳和广州超越，从发展趋势来看，这种差距还在逐渐扩大。以旅游业和博彩业为主的澳门的经济总量相对较低，尤其是近年来受到疫情的冲击，影响很大。然而从人均 GDP 和人均收入来看，港澳地区依然处于领先位置。根据 2022 年的数据，港澳地区的人均 GDP 分别为 33.05 万元和 21.80 万元，人均收入为 18.06 万元/年和 19.08 万元/年。相比之下，珠三角核心城市深圳和广州与港澳地区仍存在较大差距，人均 GDP 均不到 19 万元，人均收入均低于 8 万元/年。

二是粤港澳大湾区内部，各城市之间的差距也十分明显。例如，珠三角核心城市外围的惠州市人均收入还不到 4.5 万元/年，江门只有 3.88 万元/年，肇庆市更是只有 3.15 万元/年，低于全国均值 3.69 万元/年。因此，粤港澳大湾区的经济发展呈现出较大的区域差距，各城市的发展可以划分为多个层级（见表 6-3）。

表 6-3　2022 年粤港澳大湾区各地经济表现

| 城市 | 人均 GDP/万元 | 人均收入/万元·年 | GDP 总值/亿元 |
| --- | --- | --- | --- |
| 香港特区 | 33.05 | 18.06 | 24 279.5 |
| 澳门特区 | 21.80 | 19.08 | 1 478.2 |
| 深圳市 | 18.34 | 7.27 | 32 387.7 |
| 珠海市 | 16.33 | 6.29 | 4 045.5 |
| 广州市 | 15.39 | 7.14 | 28 839.0 |
| 佛山市 | 13.29 | 6.42 | 12 698.4 |
| 东莞市 | 10.73 | 6.46 | 11 200.3 |
| 惠州市 | 8.93 | 4.48 | 5 401.2 |
| 中山市 | 8.20 | 5.98 | 3 631.3 |
| 江门市 | 7.83 | 3.88 | 3 773.4 |
| 肇庆市 | 6.55 | 3.15 | 2 705.1 |

资料来源：《广东统计年鉴 2023》、IMF、世界银行。

三是发展休闲渔业或成欠发达城市新的经济增长点。对于拥有丰富的近海资源和渔业资源的惠州、江门等地，产业转型以及海洋渔业和旅游业的融合是实现区域经济飞速发展、提高人均收入的关键一步。这些地区可以将渔业资源和旅游业有机结合，发展休闲渔业、海洋观光等相关产业，进而引导和推动传统渔业产业结构的转型升级。例如，可以开展海钓旅游、举办海鲜美食文化节和渔业文化博览会等，吸引更多游客前来体验，创造新的经济增长点。此外，这些地区还应该注重提升基础设施建设，改善交通运输条件，从而提高旅游业的接待能力和优化游客体验。同时，加强品牌塑造和宣传推广，提升地方的知名度和美誉度，吸引更多游客前来消费和投资。

因此，粤港澳大湾区各城市之间应加强合作，共同推动经济发展。通过建立联盟机制，加强交流与合作，实现资源的共享和互补，以求促进整个大湾区的协同发展和一体化进程。

### （三） 各省休闲渔业发展迅猛

山东、福建等地休闲渔业的快速发展，对大湾区渔业发展提出了新的挑战。近年来，我国的休闲渔业发展势头非常迅猛，根据 2021 年的数据，山东、广东和湖北等省份的休闲渔业产值超过了百亿元，这三个省份的总产值占据了全国产值的 51.36%。此外，像福建、海南和浙江等沿海省份，凭借丰富的旅游资源和渔业资源，休闲渔业产值也在快速增长，并且逐渐形成了被广泛认可的休闲渔业品牌。这些地方独特的旅游方式既为粤港澳大湾区提供了宝贵的借鉴经验，也展示出了极大的竞争力，对大湾区的休闲渔业发展带来了一定的冲击。如果不进行创新，打造独特的品牌特色，并完善相应的配套设施，大湾区的渔业旅游人数势必会锐减，转移到其他区域，这将不利于大湾区休闲渔业的发展。

### （四） 日本核污染水排放

核污水排放污染环境，渔业消费信心锐减。2023 年 8 月 24 日，日本政府不顾国际社会严重关切和坚决反对，正式启动了福岛第一核电站核污染水的排海计划，这一决定引起了全球范围内广泛的关注和担忧。日本核污染水的排放对于海洋生态系统和跨国渔业来说，都是一个巨大的威胁。针对此事件，中国海关总署已全面暂停进口日本水产品，中国香港和澳门禁止进口来自日本 10 个都县区的食品，韩国也进行了相应部署，禁止进口日本核污染区的水产品。

背靠南海的粤港澳大湾区的海洋渔业也面临日本核污染水排放行为所带来的严重后果。如何保障南海海域中的水产品的安全性，并提振居民对当地水产品购买的信心，成为应对这次危机的重点。只有保护好南海海域的海洋生态系统，确保水产品的新鲜、健康和安全，才能够为休闲渔业的发展奠定基础。粤港澳大湾区首先应该加强对海洋环境的监测和保护，通过科学的渔业管理措施确保渔业资源的可持续利用，持续加大对渔业产品的检测力度，以及加强与相关国家和地区的合作，共同应对海洋环境及生态系统面临的挑战；其次应该加大宣传力度，增加公众对于南海渔业产品的认知和了解，提高消费者对当地水产品的信任度，通过品牌推广和打造特色化渔村，树立南海渔业的良好形象；最后，通过引进创新技术，如智能渔业监测系统、远程传感器和无人机等，实时监测海洋水质和渔业资源的状况，及时预警和处理突发情况，确保渔业生产的可持续性和安全性。

## 第四节　国内外典型案例分析与经验借鉴

目前，世界范围内海洋渔业与旅游业的融合发展态势和发展水平参差不齐，像美国、日本、挪威、澳大利亚等渔业发达国家，已经拥有几十年的发展经验，在海洋休闲渔业领域，也具备了较为完备的制度体系和科研成果，形成了较为完整的产业链和较大的市场规模，同时在保护和维持渔业的健康存续发展方面也有显著成效。作为现代渔业建设的重要内容，我国近年来在海洋休闲渔业的发展中也取得了重大进步，特别是像山东、福建这样的海洋渔业和水产养殖大省，在休闲渔业的建设中都有了显著突破和先进经验。因此，探索总结国内外海洋休闲渔业的发展路径和管理经验，能够为粤港澳大湾区海洋渔业和旅游业的融合发展提供借鉴。

### 一、挪威：打造旅游渔村

地处北欧的挪威是欧洲的渔业大国和水产品出口大国。2022 年，挪威海产品出口总量达 290 万吨，出口额相较上年增长 25%。挪威依靠其冷暖流交汇带来的丰富的渔业资源，目前已成为世界第二大海产品出口国。但自 1969 年鲱鱼危机发生后，挪威渔业部停止为新渔船发放许可，并于 20 世纪 70 年代引入了配额制度，渔业捕捞受到了严格的限制。从此，挪威渔业向着养殖和旅游的方向转变。

进入 21 世纪，挪威的渔业旅游已经实现了多样化发展。钓鱼、观鲸、海上冒险和参观渔村等各种活动得到了游客们的喜爱。钓鱼爱好者可以选择在海洋和河流中进行钓鱼，体验挪威得天独厚的渔业资源。观鲸也成为一项热门活动，游客可以乘船出海，观赏北极鲸、虎鲸等海洋哺乳动物。以罗弗敦群岛最美丽的渔村——雷讷小镇为例，这个被人称为"遗世独立的世外仙境"的小渔村，坐落在北极圈内，居住人数仅300多人，区别于其他欧美小镇，游客在这里可以体验海水垂钓、划船、赏鲸以及观看北极光等活动。

挪威海洋渔业与旅游业融合发展较好的原因可以总结为以下五点：一是丰富的自然资源。挪威拥有壮丽的海岸线、美丽的峡湾和丰富的渔业资源，为渔业旅游提供了独特的自然环境。挪威峡湾风光、北极光和丰富的三文鱼、鳕鱼等海洋产品吸引了许多钓鱼爱好者、观鲸者和追求自然探险的旅游者。二是文化遗产和传统。挪威渔村保留了丰富的渔业文化和传统，如传统的木质渔船、独特的建筑风格、海上钓鱼的技术和渔民的生活方式，吸引了大量的游客。这些文化元素为游客提供了与传统渔村生活互动的机会。三是可持续发展意识。挪威在渔业旅游发展中注重可持续性，早在20世纪70年代，就已经实施对渔民渔业资格的配给制，截至2018年，挪威的渔民登记人数不到1万人，三文鱼已经实现了养殖化，海外垂钓已经成为一种休闲娱乐方式而非生产方式。同时，渔村和旅游业者采取了环保措施，如使用环保船只和渔具等，以保护海洋生态系统。四是政府提供支持和投资。挪威政府积极推动渔业旅游的发展，提供财政支持和基础设施建设。挪威渔猎协会制定了一套包括安全准则、应急措施、捕鱼数量规定、环保规定以及垂钓方法的指导原则，帮助垂钓者拥有更好的垂钓体验。五是旅游推广和宣传。挪威在推广和宣传渔业旅游方面做出了很大努力。通过多种媒体渠道、旅游展会和目的地营销活动，挪威广泛宣传自然景观、钓鱼和观鲸等旅游资源。这些推广活动为挪威的渔业旅游产业带来了良好的知名度和曝光度。

## 二、日本：规范休闲海钓

日本紧邻世界级的北海道渔场，日本暖流和千岛寒流让其拥有丰富的渔业资源。1960年，日本渔业再上新台阶，总捕捞量除去捕鲸业达到了619.2万吨。然而在20世纪70年代，日本渔业高度依赖进口石油和外国渔场，面临着渔船数量减少和渔业结构转型的巨大挑战。在这一时期，日本政府提出了"面向海洋，多样利用"的发展战略，旨在进行渔业产业结构改造。为了实现这一目标，日本开始建设海洋牧场、水产养殖设施和人工栖息地，并积极发展休闲渔业；同时，还致力于改善沿岸水域和近海的海洋生态环境。70 年代后期，日本经济进入了飞速发展的阶段，人们的生活水平得到了飞速发展，以游钓、海岛旅游、远洋捕鱼为主的休闲娱乐方式得到各界人士的喜爱，渔业旅游在这一阶段开始飞速发展。1993年，日本的游钓人数已经达到了 3 729 万人，占全国总人口的 30%。

日本海洋渔业与旅游业融合发展较好的原因可以总结为以下六点：一是强化管理和组织。日本中央和地方政府增设了休闲渔业组织，加强对休闲渔业的管理。这有助于监督和调控休闲渔业活动，确保可持续利用渔业资源。二是实施准入制度和登记管理。日本通过立法实施游钓准入制度，并对游钓船的使用情况、游钓的主要品种和产量进行登记。这能够实现对渔业资源的监测和统计，确保资源的合理利用。三是建设人工鱼礁和海洋牧场。为促进鱼类资源的恢复和增长，日本积极投资建设人工鱼礁和海洋牧场。人工鱼礁的投放改变了海底结构，限制了底拖网作业，进而提升了近海渔业资源的恢复和增长，为休闲渔业的发展创造了条件。四是改善渔村渔港环境和基础设施。通过改善渔村渔港的基础设施，包括交通和通信等，日本得以确保休闲渔业的持久健康发展。良好的基础设施有助于提供更好的服务和便利条件，吸引更多人参与休闲渔业活动。五是协同管理渔民、游钓者和渔业。日本鼓励渔民、游钓者和渔业协同组织共同参与休闲渔业的管理。这种合作和共同努力可以实现资源保护、合理利用和可持续发展的目标。六是注重科研和生态环境保护。日本注重科研在休闲渔业发展中的指导作用，并进行了大量的污染监测和治理研究。通过开发有效的污染监测手段和治理方法，日本改善了渔业水域的生态环境，为休闲渔业的发展提供了良好的条件。

## 三、中国山东省：数字赋能渔业旅游

近年来，山东省积极推动海洋渔业与旅游业的融合发展，加快渔业转型升级，已经取得了初步进展，以"渔盐文化"旅游、休闲垂钓、渔家乐等方式发展休闲渔业，并明确提出了"一杆钓出大产业"的战略方向。发展渔业旅游，山东省一直走在全国前列，早在 2014 年便研究提出省级休闲海钓建设的主要目标和工作思路，初步确定到 2016 年，在青岛、烟台、威海和日照四市相关县市区沿海建成 15处省级休闲海钓示范基地，使休闲海钓产业成为山东省海洋旅游新亮点。在休闲海钓的基础上，山东省坚持统筹规划，促进渔业第一、二、三产业融合发展。

山东省海洋渔业与旅游业结合得如此成功离不开有关部门各项举措的开展实施，可总结为以下三点内容：一是对本省的特色休闲渔业定位准确，山东省通过分类规划、制定标准，鼓励创建各类示范基地，以传统渔港、大型渔礁和海洋休闲观光基地为依托，整合当地休闲渔业和旅游文化资源，推动全省休闲渔业健康发展。二是积极促进渔业第一、二、三产业融合，以休闲海钓带动渔业第一产业产值的突破性增长。据测算，海钓基地拉动的消费收入相当于所钓渔获的53倍。在沿海地区，国家省级财政共投入了1.5亿多元，从全国现有的一百多个休闲海钓示范点中，优中选优，高起点谋划建立了15个国家级休闲海钓示范基地，并统一授权使用"渔夫垂钓"标志，纳入休闲海钓地图，接入酷旅网，用海审批纳入"绿色通道"。三是大力推动海洋休闲与捕捞产业数字化，利用数字赋能，推出了官方网站和信息收集APP，并完成了海渔基地的网上预订服务，从多维度多渠道让游客在垂钓和渔村旅游中感受到数字化带来的舒适度以及便利度。

# 第五节　海洋渔业与旅游业融合发展的重点领域

## 一、海洋生态旅游与渔业保护

海洋生态保护是保障海洋旅游可持续发展的前提，是海洋经济发展的重要保障，而渔业生产同样是渔民经济的重要来源，在从自然捕捞向养殖转变的过程中，应加强对传统捕捞区以及渔民的重视。因此需要从以下几方面对海洋区域以及捕鱼区域进行相应监测保护。

### （一）建设海洋生态保护区

生态保护区的建设，能够有效地保护生物多样性。应对待开发的海洋区域进行生态系统的科学评估，细致分析旅游地的开发对当地物种多样性、栖息地状况，以及对当地渔民生活、收入的影响，以明确生态保护区范围以及开发范围，有效保护海洋生态系统和物种，提升海边居民的经济收入以及生活便利度。

### （二）渔业资源保护教育

通过海洋知识教育活动，将渔业资源保护的重要性传达给游客，提高公众环保意识。在沿海地区设立渔业保护博物馆，通过多媒体展示、互动展品和教育讲座，向游客介绍可持续渔业的发展方式；鼓励游客参与到海洋生态的保护行动中，通过清理海滩、放生幼鱼等方式，让游客更直观地感受到生态保护的紧迫性，同时为当地生态系统的恢复贡献力量。

### （三）推动可持续的绿色技术应用

数字平台的开发应用，有效提高了海洋监测的效率和治理海洋的能力。通过数字平台和移动应用，为海洋专家提供当地生态的实时监控和监测报告，了解保护区内物种的健康情况、环境变化趋势等，实现海洋旅游的智能化管理。同时在海洋旅游周边地区，打造生态友好型旅游设施，如太阳能船只、环保渔具等，通过绿色能源的使用，减少对海洋环境的影响。

## 二、推进特色渔业旅游深度融合

渔业旅游的产业发展核心在于让游客能够深度体验渔民捕捞、垂钓等渔业传统活动，并且能够品尝到最新鲜的海边美食。因此需要从以下几个方面对渔业旅游进行升级改造。

### （一）打造渔民体验活动

渔民体验活动在于将旅游与传统渔业生活相结合，为游客提供沉浸式的渔民生活体验。游客与当地渔民一起乘船出海，学习传统的捕鱼技巧。在捕鱼活动中，渔民还可以向游客展示传统的渔具制作和修理技术，让游客深度体验渔民的一天；此外，应打造平价海鱼加工、处理餐馆，让游客能够在捕捞上岸后吃到自己捕捞的海产，丰富游客味蕾，增加情绪体验。

### （二）特色海边美食和烹饪体验

结合当地渔业资源，组织海鲜美食之旅，打造海鲜美食文化节。邀请世界各地的美食名厨，打造特色美食一条街，让游客可以品尝到不同地区的海鲜美食特色；可以打造海鲜集市，吸引游客购买当地特色海鲜产品。这样的活动不仅可以促进旅游消费，还可以让游客更深入地体验当地渔业文化。

### （三） 渔村文化旅游

将渔业与当地的历史、文化相结合，丰富游客的旅游体验。通过组织游客参观传统渔村，让他们了解当地渔民的生活方式和社区文化。例如，参观渔民家庭作坊，了解渔民制作干鱼、海产罐头等渔业产品。还可以引导游客参观渔村的历史建筑，或设立渔业文化展示与教育中心，介绍渔业发展历史、海洋生态知识，以及现代渔业技术。

## 三、渔业产品与旅游商品结合

拓宽渔业产品的销售渠道是增加渔民收入的必经之路，也是帮助传统渔民实现就业转型的有效之举。在当今短视频、人工智能飞速发展的时代，可以从以下几个方面拓宽海洋产品的销售渠道。

### （一） 海洋特色产品开发

延长海洋渔业旅游的产业链，打造特色海洋旅游纪念。将海洋渔业产品开发为特色旅游产品，开发地方特产礼盒和海洋健康食品，比如鱼干、鱼油、海藻提取物等方便游客随身携带的产品，或通过完善电商销售、海洋渔产品直播销售等渠道，拓宽海洋产品销售路径，实现线上销售与线下旅游的有机发展。

### （二） 渔业品牌推广

打造渔业品牌，促进渔业文化传播。根据地方特色打造地方特有文化品牌，通过制作宣传片、纪录片等形式，展示当地渔业的历史文化和产品特色。同时，在一些海产加工区域设立渔业产业展示中心，游客可以参观产品制作过程，了解生产工艺，并品尝新鲜的海产品。

### （三） 打造智能化数据服务

优化数据监测系统，全面分析游客行为。通过利用云数据、人工智能等全方位分析游客的消费购买行为和旅游聚集区域，以更好地满足各地游客的旅行偏好，制定当地的旅游产业发展政策以及开发当地特色海洋商品。

# 第六节 海洋渔业与旅游业融合发展路径

在粤港澳大湾区海洋渔业与旅游业融合发展的过程中，为实现可持续发展和创造独特的发展方式，以下是一些重要的路径和对策：

## 一、加强粤港澳渔业旅游深度合作

推动区域合作，实现渔业人才的跨区域流动。通过政策合作、资源整合、项目合作和市场推广等多方面的合作，粤港澳可以共同开创休闲渔业的新篇章，促进该领域的可持续发展，并为大湾区的旅游经济做出积极贡献。要加强粤港澳三方在休闲渔业方面的合作，可以通过以下途径实现：一是推动政策合作，制定共同的政策措施，以促进休闲渔业的发展。各地政府可以共同制定政策文件，包括提供资金支持、减免税收、优化行政审批流程等，为休闲渔业企业和项目创造良好的发展环境。二是强化合作项目，推动粤港澳三方与涉及休闲渔业的政府主管部门、科研机构、技术推广部门、公司、有关协会等就休闲渔业的发展进行深入探讨和科学分析，并结合海洋牧场建设、人工鱼礁建设、海洋生物资源增殖利用以及海洋牧场内渔业资源监测等方面信息，为粤港澳合作实现各地资源的优势互补和共享。三是搭建交流平台，建立粤港澳休闲渔业的交流平台，促进各地之间的经验分享和合作。可以组织定期的论坛、研讨会、培训班等活动，邀请专家学者、企业代表和政府官员进行交流互动，共同探讨休闲渔业发展的策略和路径。四是促进人才交流，加强粤港澳休闲渔业人才的交流与培养，培养具备国际视野和专业技能的休闲渔业从业人员。可以开展跨地区的交流项目、组织专业培训和学术交流活动，提升行业从业人员的综合素质和专业能力。

## 二、打造大湾区各地特色的渔业旅游品牌

开发渔业旅游项目，形成特色渔业品牌。目前，粤港澳大湾区休闲渔业这个新兴产业领域还不够成熟，仍处于起步阶段，但大湾区具有丰富的休闲观光旅游资源，渔船文化和渔村文化底蕴深厚，发展海洋休闲渔业具有十分广阔的前景，

具体举措如下：一是针对粤港澳各城市的资源优势条件，以市场为导向，大力培育、发展和扶持一批经营机制完善的经营主体，并致力于打造各个城市独特的渔业品牌，发展差异化、多样化、特色化的休闲渔业，并拓展衍生该地区休闲观光旅游资源，打造具有粤港澳大湾区特色的休闲旅游品牌。例如，目前珠海的桂山岛是颇具特色的粤港澳游艇对外开放码头，以发展游艇旅游，形成珠海游艇外商海钓品牌为基础，不断加深与澳门的合作，与马来西亚、菲律宾等共同开发海上旅游，进行"海上连线"，是构建珠海特色渔业旅游的重要方针。

## 三、大力发展粤港澳休闲垂钓业务

设立休闲海钓，吸引更多游客。将目前已经具备一定规模的海洋牧场、人工鱼礁等相关休闲渔区划定为休闲海钓区，并建设相应的海钓基地、海钓装备售卖场所。海钓基地可以提供垂钓指导和培训，提升参与者的技术水平。同时，定期组织垂钓活动，例如海上垂钓大赛和海岛生态游，可以增强互动和竞技性，吸引更多参与者。基于此，形成以垂钓为主体，集休闲、娱乐、餐饮为一体的一站式垂钓尝鲜服务。

利用海岛资源，打造休闲旅游观光。利用渔港、浅海、岛礁等原生态海洋自然生态景观资源，在较为集中的旅游区域，设计一体化海上休闲观光渔业。建立海洋休闲旅游观光基地，结合海上捕鱼、海景观光、海上冲浪和游泳等休闲观光渔业活动，开展体验式休闲观光旅游。这些活动可以使游客亲身参与海洋生态的保护和观察，增加对海洋生态的了解和关注。船上提供专业的导游和解说员，向游客介绍各类海洋生物、生态系统和渔业文化。游客还可以亲自体验捕鱼活动，感受渔民的生活方式和工作环境。这样的休闲观光渔业旅游有助于提升游客的参与度和满意度，同时也为渔民提供了新的经济来源。

## 四、完善粤港澳渔港渔村基础设施

规范化运营渔村，改善公共基础设施。在维护渔村原有的建筑和文化特色的同时，应该着重加强对渔村的规范化管理和标准化运营。为了实现这个目标，需要完善渔村旅游的基础设施，特别是交通、餐饮和住宿等方面的配套设施。在交通方面，可以考虑改善道路情况，修建更加便捷的道路网络，提供公共交通工具以及租赁自行车等方式，方便游客在渔村之间来回。同时，还可以进一步改善渔港的设施，为游客提供便捷的船舶交通工具，使他们能够更加便利地参观不同的渔村。在餐饮方面，可以研制渔村自身的特色美食，提供丰富多样的海鲜菜肴和当地特色佳肴。此外，还可以鼓励当地发展农家乐，让游客们能够品尝到正宗的渔村农家菜，既满足了口腹之欲，又能感受到当地的独特魅力。在住宿方面，可以考虑建设一些符合渔村特色的民宿或度假村，提供舒适而具有渔村特色的住宿环境。

推动渔家乐发展，形成特色渔民风情。为了推动渔村的振兴，应该积极鼓励渔民发展渔业农家乐，并提供相关支持和培训。推动渔民将渔业与旅游业相结合，通过提供一站式服务，让游客能够在一次旅行中真正体验到下海捕捞、海景观光和品尝美味海鲜的乐趣，还能深入了解当地的渔村文化、领略渔村的风俗民情特色，对渔村的保护和振兴产生更深层次的理解与认同。

## 五、严格贯彻海洋伏季休渔制度

加强保护修复规划引领，完善制度设计。贯彻落实《广东省国土空间生态修复规划（2021—2035 年)》，实施绿美保护地提升行动和绿色通道品质提升行动，加快实施自然岸线保护修复、魅力海滩打造、海堤生态化、滨海湿地恢复、美丽海湾建设"五大工程"。打好珠江口邻近海域综合治理攻坚战，逐步改善珠江口海域生态环境质量。严格贯彻海洋伏季休渔制度，不断优化制度设计。强化执法监管，控制海洋捕捞强度，保护海洋渔业资源的同时深入推进渔业的可持续发展。与此同时，科学安排专项捕捞和休渔期间的作业渔船数量，在保障生态环境的同时，为渔民提供更为科学的捕鱼制度，提高当地渔民收入水平，将渔业旅游打造为未来可持续发展的绿色产业。

# 第七章 海洋碳汇与绿色金融
## 融合发展案例研究

　　海洋生态系统的固碳潜力巨大，海洋碳汇是解决当前全球气候变化问题的关键。通过绿色金融工具等市场化手段将海洋碳汇的生态效益有效地转化为经济效益，并以显著的经济效益重新助推生态效益的实现是当前分析现代海洋产业融合发展方向的一个重要关注点。粤港澳大湾区依托优越的自然资源优势及发达的经济水平，具备丰富的海洋碳汇资源以及完善的绿色金融体系，无疑在两者融合发展领域具有良好的起步基础。然而在实践方面，粤港澳大湾区海洋碳汇与绿色金融融合发展目前仍处于探索阶段，尚未形成完善的海洋碳汇金融体系。当前，国内外关于海洋碳汇的监测、计量及增汇的相关政策规划、方法学理论及交易案例逐步涌现，为探寻粤港澳大湾区未来海洋碳汇与绿色金融融合发展的实现路径提供了重要的参考。未来粤港澳大湾区要在海洋碳汇建设顶层设计、海洋生态环境治理和蓝碳增汇、海洋碳汇计量监测标准及方法学、海洋碳汇交易服务平台建设等重点领域进行突破，抓住重大机遇、应对现有挑战，蓄力建设全国海洋碳汇与绿色金融融合发展示范先行地。

## 第一节　海洋碳汇与绿色金融融合发展现状

　　海洋碳汇是指海洋生境进行固碳和储碳的过程，海洋碳汇由于其固碳和储碳的效率高以及固碳规模庞大，成为当前国际社会蓄力解决环境问题的关注要点。推动海洋碳汇与绿色金融特别是碳金融的融合发展，将能有效地将海洋碳汇的生态效益转化为经济效益，从而拓展现代海洋产业发展的广度和深度，为解决当前气候问题提供海洋方案。然而，目前无论是从国际视角还是国内视角出发，海洋碳汇与绿色金融融合发展都主要以个别案例和政策导向为主，尚处于起步阶段。基于此，粤港澳大湾区亟须利用好自身丰富的海洋碳汇资源及完善的绿色金融体系，突破关键阻点，实现进一步发展。

## 一、海洋碳汇的定义、分类及规模

海洋约占地球表面积的71%，在调节全球气候、维持生态平衡、供给食物资源以及推动贸易运输等方面具有重要的作用。然而，随着人口数量的持续增长、温室气体的大量排放以及生态环境的深度污染，世界正在经历前所未见的气候变化。基于此，自1992年《联合国气候变化框架公约》通过后，全球开始大规模采取各类措施来减缓气候变化，在推动温室气体减排的同时，不断发掘森林、湿地、牧场等的碳汇功能。在此过程中，海洋碳汇的强大固碳作用也逐渐被世界所关注。

### （一）海洋碳汇的定义

海洋碳汇（ocean carbon sink），也称蓝碳，是相对于森林、草原、牧场等陆地生境吸收二氧化碳的过程即绿碳（green carbon sink）而定义的，具体指红树林、滨海盐沼、海草床、浮游生物、大型藻类、贝类等从空气中或海水中吸收并储存大气中的二氧化碳的过程、活动和机制。[①] 联合国环境规划署（UNEP）等国际组织在2009年联合发布的《蓝碳：健康海洋对碳的固定作用——快速反应评估报告》（简称《蓝碳报告》）中正式提出"蓝碳"概念，最早关注到海洋固碳储碳的重要作用。《蓝碳报告》中提出，海洋是地球上最大的碳库及碳汇来源，储存了地球上约93%的二氧化碳，并且每年可清除约1/3排放到大气中的二氧化碳，其碳储量约是大气的50倍、陆地的20倍。此外，在全球每年由光合作用捕获的绿色碳中，一半以上（55%）都是由海洋生物捕获的，这些碳还可以以海洋生物的沉积物的方式进行储存，且储存时长可达数千年。

---

① 自然资源部发布的《海洋碳汇核算方法》中关于"海洋碳汇"的术语定义。

### （二）海洋碳汇的分类

根据不同的固碳来源可以将海洋碳汇分为海岸带生态系统碳汇、渔业碳汇和微型生物碳汇三种类型（见图7-1）。

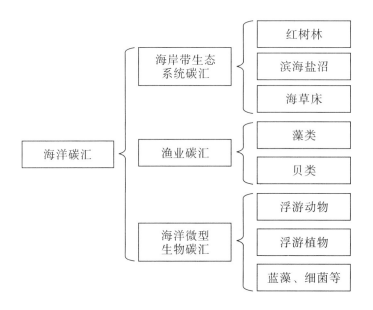

**图7-1 海洋碳汇具体分类**

海岸带生态系统碳汇是指通过红树林、滨海盐沼、海草床等海岸带生境捕获二氧化碳并储存在其沉积物中的过程和机制。《蓝碳报告》指出，红树林、滨海盐沼和海草床是地球上最密集的碳汇之一，虽然其植物生物量只占陆地植物生物量的0.05%，且其覆盖面积不到海床的0.5%，但其构成的蓝碳却占海洋沉积物中碳储量的一半以上。与陆地生境相比，以红树林、滨海盐沼以及海草床为代表的海岸带生态系统具有非常高的碳埋藏速率，比陆地森林高出几十倍（见图7-2），因此，海洋碳汇是最高效的碳汇。作为蓝碳的重要组成部分以及国际公认的三类蓝碳生态系统，开展红树林、滨海盐沼和海草床等海岸带生态系统的保护与恢复工程对推动海洋生态环境建设、促进低碳经济发展具有重要意义。

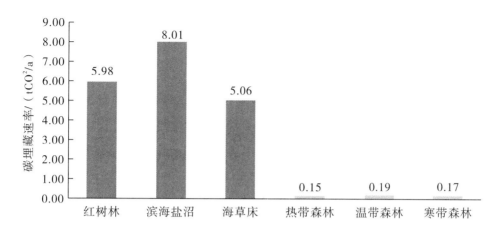

**图7-2 海岸带生境与陆地森林碳埋藏速率（$tCO^2/a$）的比较**

资料来源：胡学东. 国家蓝色碳汇研究报告：国家蓝碳行动可行性研究［M］. 北京：中国书籍出版社，2020.

　　渔业碳汇是指通过养殖藻类、贝类等渔业生产活动从海水中吸收与储存二氧化碳的过程和机制。我国科学家积极参与蓝碳研究，在海岸带生态系统碳汇的基础上率先提出"渔业碳汇"理念。渔业碳汇主要是通过大型藻类的光合作用，贝类吸收海水中的碳酸氢根从而钙化形成贝壳，贝类滤食浮游植物、微型浮游动物等颗粒有机碳来吸收海洋中的碳，以及养殖水产品将大量碳移出海洋的过程。此外，还有一部分未被利用的有机碳以动植物碎屑、动物粪便等形式沉积到海底被固定，在这一过程中藻类、贝类等海洋生物还起到了海洋碳循环中的生物泵的作用，使得海洋的碳汇功能不断提升。因此，渔业碳汇作为可移出海洋并可产业化的高效碳汇，在提供安全食品、减缓全球变暖、增加渔民收入等方面具有非常重要的作用，可以产生一举多得的效果。我国是海洋大国，海水养殖面积与产量居世界首位，近几年来我国海水养殖面积及产量有所上升（见图7-3），在收获海水养殖产品并取得经济效益的同时，渔业生产也为我国的海洋碳汇增汇做出了巨大的贡献。

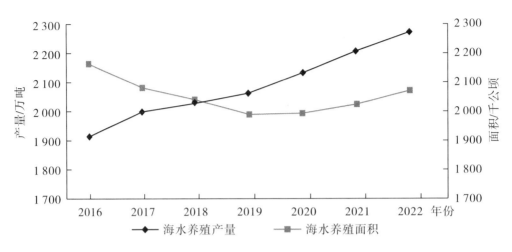

**图 7 - 3　2016—2022 年我国海水养殖面积及产量**

资料来源：《2023 中国渔业统计年鉴》《2022 年全国渔业经济统计公报》。

海洋微型生物碳汇是指通过浮游动植物、蓝藻、细菌、古菌等海洋微型生物吸收二氧化碳并进行生物固碳的过程和机制。除了传统生物固碳方式，海洋浮游植物在通过光合作用吸收溶解在海水中的二氧化碳后，还可以通过食物链的碳转移、浮游动物的垂直移动、海洋生物的新陈代谢以及自然的沉降分解等方式将一部分碳由海洋表层转移到深海，从而成为有效的生物泵。另外，中国科学院焦念志院士还在国际上提出了微型生物碳泵理论，即微型生物可以通过生理生态过程将活性有机碳生成大量难以被其他生物分解的惰性有机碳，能在海洋中封存近五千年，从而形成了非沉降型的海洋储碳新机制，实现真正意义上的海洋碳汇，并据此开辟了海洋碳汇研究的新领域。

在广袤的海域中，海洋微型生物占全球海洋生物总量的 90% 以上，是海洋碳汇的主要贡献者。将海洋微型生物纳入蓝碳范畴，大大拓宽了我国的生态碳汇规模，也为我国未来蓝碳的研究、监测和计量提供了新方向。此外，在海水养殖的过程中，微型生物的生物作用也是渔业碳汇的重要组成部分，然而这部分碳汇由于研究难度大且目前还没有统一的计量标准，因此在计量渔业碳汇时一直被忽视，这也是未来海洋碳汇研究需要弥补的空缺之处。

**（三）　海洋碳汇的规模**

自《蓝碳报告》发布以来，国际社会越来越关注海洋碳汇的重要性，不断推出和实施更加标准的海洋碳汇计量标准和方法学，例如清洁发展机制（CDM）批准的《退化红树林生境的造林和再造林方法学》（AR－AM0014）、核证碳标准（VCS）的《滨海湿地和海草恢复方法学》（VM0033）以及我国自然资源部发布的《养殖大型藻类和双壳贝类碳汇计量方法储碳量变化法》（HY/T 0305—2021）、《海洋碳汇核算方法》（HY/T 0349—2022）等。这些计量标准和方法的出台使得海洋碳汇实现了可计量、可监测、可报告，为估算海洋生境中的海岸带生态修复以及海水养殖等领域的温室气体减排量提供了坚实的依据。囿于计量可得性，在计算海洋碳汇规模时，通常以计量方法较为统一的海岸带生态系统碳汇以及渔业碳汇为主，具体关注红树林、滨海盐沼、海草床以及海水养殖的规模及碳汇情况。

### 1. 全球海洋碳汇规模

地球上绝大部分二氧化碳都储存在海洋中，并由海洋重新分配循环，《蓝碳报告》指出，全球海洋和河口每年捕获并储存约 235 万亿～450 万亿克碳，相当于吸收了约一半的全球交通运输碳排放量。

海岸带生态系统是地球上最为密集的碳汇之一。以"海洋卫士"红树林为例，全球红树林总面积占全球近海面积不到 1%，但其固碳量在 10%～15%，高沉积速率与高生产力使得红树林碳循环成为地球碳循环的重要环节。然而，受自然环境、人为干扰等因素影响，全球的红树林遭到严重的破坏，根据 Kauffman 等（2009）的研究，仅仅从 1980—2000 年的 21 年间，全球红树林的面积就缩减了超过 1/3，速率高达 2.1%。目前全球现存的红树林约为 1 500 万公顷[①]，主要分布在以赤道热带为中心、南北回归线之间的范围内，具体分布在亚洲、非洲、大洋洲和美洲地区，其中亚洲南部及大洋洲北岸的红树林分布最多，且红树林种类最为繁盛；在世界各国中，印度尼西亚的红树林面积最大，占比约 20%，其次是巴西、澳大利亚、墨西哥和尼日利亚等国家。

根据胡学东的《国家蓝色碳汇研究报告：国家蓝碳行动可行性研究》（简称《国家蓝色碳汇研究报告》）等相关研究对全球海洋碳汇核算的总结（见表 7－1），红树林是年碳汇量最大的海岸带植物，最高可达 10.86 亿吨，此外，滨海盐沼和海草床的年碳汇量分别最高可达 3.62 亿吨和 3.88 亿吨；全球的红树林、滨海盐沼以及海草床的总面积约在 3 370 万～11 520 万公顷的范围内，以红树林、滨海盐沼以及海草床为代表的海岸带蓝碳的总碳储量可高达 759.24 亿吨，年碳汇量可高达 18.35 亿吨。根据国际能源署（IEA）的报告，2022 年全球与能源相关的碳排放量

---

① 深圳市人民政府门户网站. 世界红树林的分布［EB/OL］. http://www.sz.gov.cn/hdjl/ywzsk/ghj/qtl/content/mpost_10477473.html.

达到 368 亿吨以上,因此全球海岸带生态系统碳汇相当于吸收 4.99% 的全球能源类碳排放,为全球低碳经济发展做出了重要贡献。

表 7-1 全球海岸带生态系统碳汇具体情况

| 指标 | 红树林 | 滨海盐沼 | 海草床 | 合计 |
|---|---|---|---|---|
| 面积/万公顷 | 1 380 ~ 1 520 | 220 ~ 4 000 | 1 770 ~ 6 000 | 3 370 ~ 11 520 |
| 总储碳量/亿吨 | 147.9 | 18.72 ~ 374.34 | 70 ~ 237 | 236.62 ~ 759.24 |
| 碳埋藏速率/<br>[吨/(公顷·年)] | 6.39 | 7.12 ~ 8.88 | 3.67 ~ 6.46 | — |
| 年碳汇量/万吨 | 51 400 ~ 108 600 | 28 479.2 ~ 36 186.2 | 6 496 ~ 38 760 | 86 375.2 ~ 183 546.2 |

资料来源:李捷,刘译蔓,孙辉,等. 中国海岸带蓝碳现状分析 [J]. 环境科学与技术,2019,42 (10):207-216;胡学东. 国家蓝色碳汇研究报告:国家蓝碳行动可行性研究 [M]. 北京:中国书籍出版社,2020;深圳市人民政府门户网站. 世界红树林的分布 [EB/OL]. http://www.sz.gov.cn/hdjl/ywzsk/ghj/qtl/content/mpost_10477473.html.

渔业碳汇方面,根据联合国粮食及农业组织(FAO)发布的《2022 年世界渔业和水产养殖状况》报告,自 20 世纪 90 年代起,全球渔业和水产养殖产量整体呈现不断增长的趋势(见图 7-4),2020 年全球渔业和水产养殖产量高达 17 780 万吨,其中海水养殖占比 18.62%;此外,藻类产量约为 3 600 万吨,并且 97% 的藻类均来自养殖,且主要来自海水养殖,为全球渔业碳汇增汇提供了必要的生物条件。

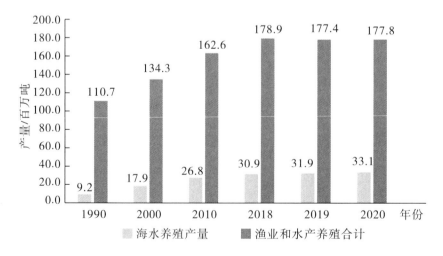

图 7-4 全球渔业和水产养殖产量情况

资料来源:《2022 年世界渔业和水产养殖状况》。

### 2. 我国海洋碳汇规模

减少碳排和增加碳汇（减排增汇）是减缓温室效应的两种重要途径。在推动减排增汇的进程中，我国不断认识到海洋碳汇的重要作用并着力于蓝碳领域的建设，2015 年发布的《中共中央　国务院关于加快推进生态文明建设的意见》就强调要通过蓝碳等手段控制温室气体排放。作为海洋大国，我国拥有丰富的海洋资源，海岸线总长度约 3.2 万千米，其中大陆海岸线长度约 1.8 万千米，岛屿海岸线长度约 1.4 万千米，海岛数量约 11 000 余个[①]，滨海湿地面积 6.7 万平方千米，海洋国土面积约 300 万平方千米。根据焦念志等（2018b）的研究测算，我国的海洋碳库总量高达 167 768.19 TgC，海洋碳汇量十分可观。

从我国海岸带生态系统生境状况来看，以红树林为例，由于大规模的围填海造成滨海滩涂的大量消失以及海洋污染等历史及现实因素的影响，红树林也曾遭到过严重的破坏，从历史最高的 25 万公顷减少到 20 世纪 50 年代的 4.2 万公顷，此后五十年间又有约 50% 的红树林从我国的海岸线上消失，到 2000 年仅存 2.2 万公顷。随着国家对红树林湿地生态修复投入的增加以及人们对海洋生境保护意识的加强，我国的红树林面积整体呈现出了先下降后上升的趋势（见图 7-5）。根据自然资源部发布的《2023 中国自然资源公报》，2022 年我国红树林已恢复至 2.9 万公顷，比 21 世纪初增加了 7 200 多公顷，我国成为近些年来世界上少数几个红树林面积净增加的国家之一。

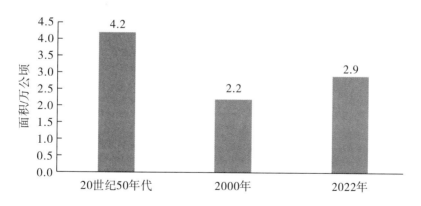

图 7-5　全国红树林面积变化

当前我国的红树林主要分布在广东、广西、海南、福建、台湾、浙江、香港

---

① 数据来源于《中国海洋经济统计年鉴 2021》。

和澳门等省区，其中广东、广西和海南的红树林面积最大，合计高达2.33万公顷，占全国红树林面积约80%（见表7-2）。

表7-2　我国部分红树林分布信息

| 省区 | 面积/公顷 | 分布情况 |
|---|---|---|
| 广东 | 12 040 | 主要分布于湛江市、水东港、海陵湾和镇海湾等地 |
| 广西 | 7 243 | 主要分布于珍珠湾、防城港东湾和西湾、廉州湾等地 |
| 海南 | 4 033 | 主要分布于东寨港、清澜港、花场湾、新英湾和后水湾 |
| 福建 | 1 648 | 主要分布于漳州市、泉州市、福州市和宁德市 |
| 台湾 | 483 | 主要分布于淡水河口，北门沿岸和高屏溪河口，零星分布于新竹、嘉义和高雄沿岸 |
| 浙江 | 318 | 主要分布于温州沿岸地区、台州椒江区、飞云江口区域 |

资料来源：李捷，刘译蔓，孙辉，等. 中国海岸带蓝碳现状分析［J］. 环境科学与技术，2019，42（10）：207-216；胡学东. 国家蓝色碳汇研究报告：国家蓝碳行动可行性研究［M］. 北京：中国书籍出版社，2020.

根据《国家蓝色碳汇研究报告》等相关研究对我国海洋碳汇核算的总结（见表7-3），我国红树林的碳储量约为0.23亿~0.27亿吨，且每年的平均碳埋藏速率超过7.34吨/公顷，比全球平均碳汇水平高出0.95吨/公顷，年碳汇量可达27.16万吨。此外，根据对我国海岸带其他蓝碳生境的调查，我国现存的滨海盐沼每年可固定96.52万~274.88万吨二氧化碳，现存的海草床每年可以固定3.2万~5.7万吨的二氧化碳，即我国海岸带生态系统碳汇每年可以固定126.88万~307.74万吨二氧化碳。根据国际能源署的报告，2022年我国二氧化碳排放量约为114.8亿吨，因此我国海岸带生态系统碳汇相当于固定了约0.01%~0.02%的全国碳排放，与全球海岸带生态系统固碳率相比，我国海岸带生态系统碳汇潜力仍有待开发。

表7-3　我国海岸带生态系统碳汇具体情况

| 指标 | 红树林 | 滨海盐沼 | 海草床 | 合计 |
|---|---|---|---|---|
| 面积/万公顷 | 3.283 4 | 12~34 | 0.8765 1 | 16.16~38.16 |
| 总储碳量/亿吨 | 0.232 7~0.274 5 | 1.12~3.18 | 0.035 | 1.39~3.49 |

（续上表）

| 指标 | 红树林 | 滨海盐沼 | 海草床 | 合计 |
|---|---|---|---|---|
| 碳埋藏速率/<br>［吨/（公顷·年）］ | 6.86～9.73 | 8.65 | 3.67～6.46 | — |
| 年碳汇量/万吨 | 27.16 | 96.52～274.88 | 3.2～5.7 | 126.88～307.74 |

资料来源：李捷，刘译蔓，孙辉，等. 中国海岸带蓝碳现状分析［J］. 环境科学与技术，2019，42（10）：207-216；胡学东. 国家蓝色碳汇研究报告：国家蓝碳行动可行性研究［M］. 北京：中国书籍出版社，2020；深圳市人民政府门户网站. 世界红树林的分布［EB/OL］.（2023-03-13）. http://www.sz.gov.cn/hdjl/ywzsk/ghj/qtl/content/mpost_10477473.html.

注：由于不同学者对红树林面积的测算方式不同导致红树林面积数据存在一定的差异。截至2022年，我国现存红树林面积约为3万公顷。

渔业碳汇方面，作为拥有发达的海水养殖体系以及最大养殖面积和产量的国家，渔业碳汇成为我国海洋碳循环的重要组成部分。2022年我国海水养殖产量达2 275.70万吨，占全国水产品总产量的33%，较2021年增加了64.56万吨，其中贝类养殖产量达1 569.58万吨，藻类养殖产量达271.39万吨，分别占海水养殖总产量的69%和12%（见图7-6）；海水养殖面积达207.44万公顷，比2021年增加了4.89万公顷，其中贝类养殖面积127.05万公顷，藻类养殖面积13.95万公顷，分别占海水养殖面积的61%和7%（见图7-7）。根据《国家蓝色碳汇研究报告》的初步估计，我国每年通过贝藻类养殖活动形成的碳汇量约703万吨，相当于造林80万公顷所形成的碳汇量，其净固碳能力是森林进行绿碳固碳的10倍；2017年，根据贝藻养殖固定计算的我国渔业碳汇的固碳量达1 146.62万吨，其中贝类占比高达80%。因此，贝藻类养殖作为我国海水养殖的核心组成部分，在我国海洋碳循环中发挥了重要的作用。基于我国"双碳"目标的制定，近些年来关于渔业碳汇的相关研究也在迅速增加（贺义雄等，2022），根据《2021中国渔业统计年鉴》，2020年我国共有82个渔业科研机构，6 266名渔业科研机构从业人员，政府投入资金共计25亿元，为我国的渔业碳汇研究发展提供了坚实的人才和资金支持。

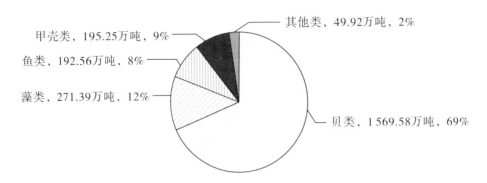

**图 7 - 6　2022 年全国海水养殖产量构成**

资料来源:《2023 中国渔业统计年鉴》。

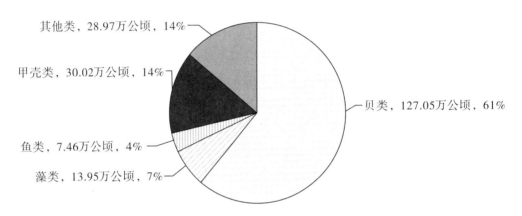

**图 7 - 7　2022 年全国海水养殖面积构成**

资料来源:《2023 中国渔业统计年鉴》。

3. 粤港澳大湾区海洋碳汇规模

粤港澳大湾区作为全球四大湾区之一,不仅地区经济实力雄厚,海洋资源也十分丰富,是引领我国海洋经济可持续发展及海洋产业高质量发展的重要区域。2019 年发布的《粤港澳大湾区自然资源与环境图集》显示,粤港澳大湾区陆域面积约 5.6 万平方千米,大陆和岛屿海岸线总长 3 201 千米,滩涂和浅海区面积达7 225 平方千米,截至 2020 年,粤港澳大湾区湿地面积达 8 963 平方千米,占全区面积约 16%(王海云等,2023),湿地开发程度较高,粤港澳大湾区具有优越的海岸带生态系统资源以及强大的海洋碳汇发掘潜力。

以红树林为例,粤港澳地区(广东、香港、澳门)的红树林总面积一直居全国首位(贾明明等,2021)。其中,被誉为"红树林之城"的湛江,截至 2022 年,其现有红树林面积高达 6 521.85 公顷，占全省红树林面积的 59.3%，占全国红树林面积的 22.3%。基于相似的地理条件、气候因素及土壤特质，湛江的红树林培育保护经验为粤港澳大湾区的红树林碳汇增汇领域提供了许多有益的参考。

然而，由于人口规模的增加、大规模的围塘养殖以及城市建设用地的侵占，粤港澳大湾区红树林的生长环境也曾遭到过严重的破坏。1990—2000 年，粤港澳大湾区的红树林面积以平均 46 公顷/年的速度急剧减少，到 2000 年仅存 692 公顷。但自 2001 年起，我国开始启动红树林保护工程，将全国约 50% 的红树林划入了自然保护区，关于全国湿地保护工程、红树林生态监测及修复保护工程等领域的国家级和省级规划方案相继出台，为我国乃至粤港澳大湾区的红树林保护修复指明了新的行动目标以及重点行动方向，粤港澳地区的红树林保护成效也不断显现。从 2000 年开始，粤港澳大湾区的红树林面积开始稳步增长，到 2020 年红树林面积已经恢复并超过了 1990 年的水平（见图 7-8）。

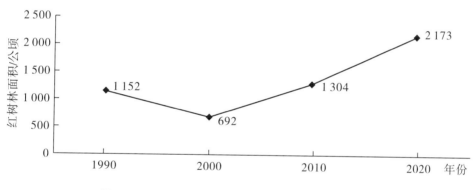

图 7-8　1990—2020 年粤港澳大湾区红树林面积变化

资料来源：袁艺馨，温庆可，徐进勇，等. 1990 年—2020 年粤港澳大湾区红树林动态变化遥感监测 [J]. 遥感学报，2023，27（6）：1496-1510.

近 50 年来，受岸线扩张、大量围填海以及近海养殖区增加的影响，粤港澳大湾区的红树林面积、林龄及空间分布变化强烈，目前红树林面积的恢复主要依赖于近 20 年来的人工种植。根据相关学者的研究监测和遥感分析结果，截至 2020 年，粤港澳大湾区内现存的红树林面积约为 2 173~3 316 公顷[1]，平均现存林龄约

---

[1]　由于不同学者的测量方法不同，2020 年粤港澳大湾区红树林面积的测量结果也有差异，图 7-8 袁艺馨等（2023）的研究是 2 173 公顷，贾凯等（2022）的研究是 2 174 公顷，张信等（2023）的研究是 3 316 公顷，王海云等（2023）的研究是 3 224 公顷。

为 20 年，主要分布在江门、珠海、香港、深圳和广州，其中镇海湾、深圳湾和淇澳岛为主要分布区域（贾凯等，2022；袁艺馨等，2023；张信等 2023；王海云等，2023）。若以估算的中国红树林年平均净固碳量 7.34 吨/公顷来计算，粤港澳大湾区现存的红树林年碳汇量约为 1.6 万 ~2.4 万吨，为大湾区的低碳发展做出了显著的贡献。2023 年 9 月，全球首个国际红树林中心经《湿地公约》常委会审议通过在深圳设立，表明粤港澳大湾区在海洋生态建设与环境保护领域的国际影响力不断提升。

表 7 - 4　粤港澳大湾区红树林主要分布情况

| 地区 | 红树林主要分布位置 |
| --- | --- |
| 江门 | 广海湾、镇海湾及银湖湾 |
| 珠海 | 淇澳岛、横琴岛滨海湿地公园及二井湾湿地公园 |
| 中山 | 横门水道、磨刀门水道 |
| 广州 | 洪奇沥水道、南沙湿地公园、蕉门水道、新龙特大桥 16 涌至 17 涌段 |
| 惠州 | 考州洋、稔山镇三连洲、大亚湾渡头河、巽寮 |
| 深圳 | 福田自然保护区，龙岗区东涌、鹿咀、坝光 |
| 东莞 | 交椅湾苗涌、龙涌 |
| 香港 | 米埔自然保护区 |
| 澳门 | 路氹城生态保护区 |

资料来源：张信，陈建裕，杨清杰. 粤港澳大湾区红树林时空分布演变及现存林龄遥感分析 [J]. 海洋学报，2023，45（3）：113 - 124.

渔业碳汇方面，粤港澳大湾区依靠有利的地理条件以及丰富的海洋资源，形成了完善的水产养殖体系及全国排名前列的海水养殖规模。从粤港澳地区核心的广东省来看，《2023 中国渔业统计年鉴》显示，广东省 2022 年的海水养殖产量为 339.67 万吨，占全国的 14.9%，海水养殖产量继山东和福建排名全国第三，其中贝类养殖产量为 170.46 万吨，藻类养殖产量为 6 万吨，分别占比 50.18% 和 1.77%（见图 7 - 9）；海水养殖面积达 16.65 万公顷，其中贝类养殖面积达 6.17 万公顷，藻类养殖面积达 0.19 万公顷，分别占比 37.06% 和 1.14%（见图 7 - 10）。此外，2022 年香港的水产养殖业产量达 2 764 吨，占渔业总产量的 3%。渔业碳汇在推动粤港澳大湾区的海洋增汇、保障人民食品安全、增加地区经济效益等方面发挥了重要的作用。

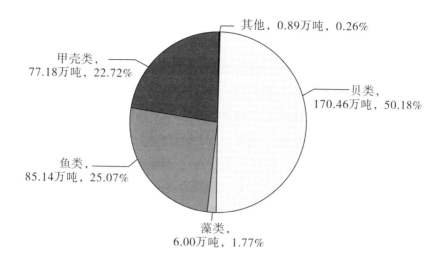

**图7-9 2022年广东省海水养殖产量构成**

资料来源：《2023中国渔业统计年鉴》。

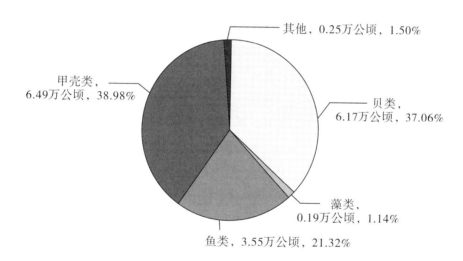

**图7-10 2022年广东省海水养殖面积构成**

资料来源：《2023中国渔业统计年鉴》。

## 二、绿色金融与碳金融

海洋碳汇的极高效率及庞大规模，使其在减缓气候变化危机中发挥了显著的作用，因此目前越来越多的研究都聚焦在如何推动海洋碳汇的开发利用、通过市场化手段将其生态效益有效转化为经济效益上。在这一过程中，蓝碳金融应运而生。

## （一）　绿色金融的内涵与发展现状

绿色金融是指对环保、节能、清洁能源、绿色交通、绿色建筑等领域的项目投融资、项目运营、风险管理等所提供的金融服务。[①] 具体而言，绿色金融可以通过绿色金融工具以及相关支持政策将社会资金引导至有助于节约资源和保护环境的相关产业，从而解决绿色领域投融资所面临的信息交流不对称、金融工具缺乏等问题，继而为推动环境改善、减缓气候变化做出金融贡献。当前，由于人口规模的快速增长、人类生产活动造成的大量污染以及不可再生资源的快速消耗，全球的生态环境遭遇了严重的危机。在此背景下，加快培育新的经济增长点、实现低碳绿色发展成为当前世界各国着力发展的重点，绿色金融作为推动经济可持续发展的重要工具，在这一过程中大有可为。

随着绿色金融工具的不断发展以及绿色金融政策的稳步推进，我国在绿色信贷、绿色债券、绿色发展基金等领域都有了长足的进步。2016 年，中国人民银行、财政部等七部委联合发布了《关于构建绿色金融体系的指导意见》，提出了支持绿色金融发展、推动构建绿色金融体系的相关措施，动员并激励更多社会资本投入绿色产业，我国因此成为全球首个建立了较为完整的绿色金融政策体系的经济体。2022 年 6 月，中国银保监会发布了《银行业保险业绿色金融指引》，引导银行业保险业发展绿色金融，发展绿色、低碳、循环经济，进一步推动金融行业融入"双碳"目标的实现体系之中；7 月，经中国人民银行（简称央行）和中国证券监督管理委员会（简称中国证监会）备案，绿色债券标准委员会正式发布《中国绿色债券原则》，将我国实际情况与国际标准深度融合，推动我国绿色债券标准的国内统一和国际趋同，对我国绿色金融发展具有重要的意义。

央行发布的《中国区域金融运行报告（2022）》显示，近年来我国金融资源不断向绿色领域聚集，大力支持了我国绿色低碳领域的发展。2023 年一季度末，我国本外币绿色贷款余额 24.99 万亿元，同比增长了近 40%，并且高于各项贷款增速近 30%，其中，投入碳减排效益项目中的贷款占比高达 67%。

## （二）　碳金融的内涵与发展现状

碳金融是指以购买减排量的方式为产生或者能够产生温室气体减排量的项目

---

[①]　2016 年发布的《关于构建绿色金融体系的指导意见》中关于绿色金融的定义。

提供的融资支持。① 具体而言，碳金融是服务于发展低碳经济、限制温室气体排放等绿色技术及项目的投融资、碳排放权的交易及碳排放权衍生品的交易等金融服务，包括碳买卖以及碳融资两大类。2022 年，中国证监会发布了《碳金融产品》行业标准，将碳金融产品定义为建立在碳排放权交易的基础上，服务于减排增汇、以碳配额和碳信用等碳排放权益为媒介的资金融通活动载体，包括融资、交易和支持工具三大类别，该标准推动了我国碳金融产品的规范有序发展。

碳金融以碳交易作为发展的前提和基础，只有碳交易市场发展到一定规模、拥有了一定的市场主体和健康的风险管控机制后，碳金融市场才得以有序发展。自 1992 年《联合国气候变化框架公约》（简称《公约》）发布以来，全球碳排放的约束机制逐步形成。碳交易的概念最早来源于 1997 年通过的《京都议定书》，是指以《公约》为依据，通过市场机制进行二氧化碳排放权的交易来解决温室气体的减排问题。截至 2024 年 7 月，《公约》已有 198 个缔约方，《京都议定书》已有 196 个缔约方②，根据《公约》"共同但有区别原则"，发展中国家不承担具有法律约束的限控义务，但可以通过《京都议定书》规定的 CDM 将本国具有的减碳增汇的项目卖给发达国家从而抵消碳排放量，实现低碳减排的双赢。截至 2011 年 6 月底，我国政府成功签发了共 455 个 CDM 项目（胡学东，2020），通过 CDM 积极参与国际碳市场交易。随着国际碳交易经验的不断积累，我国于 2011 年展开了本土的碳交易市场建设。2011 年 9 月，四川联合环境交易所成立，成为全国第一家非试点地区的碳交易机构；10 月，国家发改委发布了《关于开展碳排放权交易试点工作的通知》，同意北京、天津、上海、重庆、湖北、广东及深圳 7 个省市开展碳排放权交易试点，开始探索国内碳交易市场建设。2020 年 12 月，生态环境部发布了《碳排放权交易管理办法（试行）》，对全国碳排放权交易及相关活动作出了规范，推动了全国碳交易市场的建立。

2021 年，全国碳排放权交易市场正式成立，于 2021 年 7 月 16 日正式开始交易，开市当天累计成交量 410 万吨，成交金额约 2 亿元；截至 2021 年 12 月 31 日，全国碳排放配额累计成交量 1.79 亿吨，累计成交额 76.61 亿元。目前，我国共拥有 9 个碳排放权交易市场，包括 1 个全国碳交易市场、1 个非试点地方碳交易市场

---

① 世界银行碳金融部门在《2006 年碳金融发展年度报告》对碳金融的首次界定。

② 中华人民共和国外交部.《联合国气候变化框架公约》进程［EB/OL］. https://www.mfa. gov. cn/web/wjb_673085/zzjg_673183/gjs_673893/gjzz_673897/lhg_684120/zywj_684132/201410/ t20141016_7949732. shtml.

以及 7 个地方碳交易试点市场（见表 7 - 5）。2022 年全国碳排放权交易市场碳排放配额年度成交量 5 088.95 万吨，年成交额达 28.14 亿元。截至 2022 年底，全国碳排放配额累计成交量 22.97 亿吨，成交额已经累计突破 100 亿元，表明我国碳交易市场规模以及碳交易市场需求庞大。

表 7 - 5 全国碳交易市场基本情况

| 名称 | 简介 |
| --- | --- |
| 四川联合环境交易所 | 2011 年 9 月成立，是全国非试点地区第一家经国家备案的碳交易机构，联合国负责任投资原则（PRI）中方签署机构中唯一的交易机构 |
| 深圳排放权交易所 | 2010 年 9 月成立，2013 年 6 月启动全国首个碳排放权交易市场 |
| 上海环境能源交易所 | 2008 年 8 月 5 日成立，是上海市碳交易试点的指定交易平台、经国家碳交易主管部门备案的国家核证自愿减排量（CCER）全国交易平台 |
| 北京绿色交易所 | 2008 年 8 月成立，是在国家主管部门备案的首批中国自愿减排交易机构、北京市政府指定的北京市碳排放权交易试点交易平台；2020 年由北京环境交易所更名为北京绿色交易所 |
| 广州碳排放权交易中心 | 2012 年 9 月正式挂牌成立，是粤港澳大湾区唯一兼具国家碳交易试点和绿色金融改革创新试验区试点的双试点机构；2013 年 1 月成为国家发改委首批认定 CCER 交易机构之一。截至 2022 年 9 月底，碳交易方面，碳排放权交易量累计近 3 亿吨，成交金额累计超 60 亿元，稳居全国碳试点机构首位；碳金融方面，累计开展各类碳金融业务 264 笔，涉及碳排放权规模超 5 500 万吨，融资金额超 4.5 亿元 |
| 天津排放权交易所 | 2008 年 9 月成立，是天津区域碳市场、建筑能效市场和主要污染物市场指定交易平台 |
| 湖北碳排放权交易中心 | 2012 年 9 月成立，是经国家生态环境主管部门备案、省政府批准设立的全国首批碳排放权交易试点机构。截至 2023 年 2 月 24 日，湖北试点碳市场系统安全运行近 9 年，湖北碳市场配额累计成交 3.75 亿吨，成交总额 90.81 亿元，交易规模、交易主体等市场指标保持全国领先地位 |
| 重庆碳排放权交易中心 | 2014 年 6 月，重庆联交所集团挂牌成立"重庆碳排放权交易中心"，正式启动碳排放权交易。截至 2023 年 6 月底，重庆碳市场累计成交碳排放指标 4 139 万吨，成交总额 8.76 亿元，推动企业自主实施工程减排项目 50 余个，减碳效益每年约 800 万吨 |
| 海峡股权交易中心 | 2011 年 10 月成立，2013 年 7 月正式运营。截至 2023 年 8 月，福建碳排放配额累计成交 3 565.2 万吨，成交总额 7.82 亿元 |

资料来源：笔者根据公开资料整理。

碳融资方面，据央行发布的《金融机构贷款投向统计报告》，2022 年，我国本外币绿色贷款中投向具有直接和间接碳减排效益项目的贷款分别为 8.62 万亿元和 6.08 万亿元，合计占比高达 66.7%。2021 年，中国人民银行推出碳减排支持工具，截至 2022 年底，碳减排支持工具已提供再贷款超 3 000 亿元，支持商业银行等金融机构发放碳减排贷款近 6 000 亿元，2022 年累计带动碳减排约 1 亿吨。碳金融通过对碳资产的开发，将低碳减排与市场机制进行有效结合，有力推动了我国绿色经济的发展。

## 三、海洋碳汇与绿色金融融合发展

基于海洋碳汇的强大生态功能以及绿色金融的绿色经济功能，探索海洋碳汇与绿色金融的融合发展领域对有效利用蓝碳资源、充分赋能低碳路径、大力助推绿色经济发展具有重要的意义。

### （一）海洋碳汇与绿色金融融合发展的内涵及意义

海洋碳汇与绿色金融融合发展是指利用绿色金融特别是碳金融工具为海洋碳汇促进减排增汇的相关项目提供金融服务，并蓄力推动海洋碳汇的生态效益有效地转化为经济效益。具体来看，金融机构可以通过建立海洋碳汇交易平台、发放海洋碳汇投融资贷款、设立海洋碳汇发展基金等方式参与海洋碳汇的开发、监测、计量及交易等项目，为低碳经济发展注入蓝碳金融力量。

海洋碳汇不仅具有重要的生态效益，通过与绿色金融特别是碳金融的深度融合，还可以带来显著的经济效益，有力推动我国绿色经济的发展。由于海洋碳汇具有可移出、可产业化以及便于计量的特性，渔业碳汇在发展蓝碳金融方面起着重要的作用。早在 2013 年，国务院发布的《全国海洋经济发展"十二五"规划》中就指出了渔业碳汇在发展海洋绿色经济中重要的推手作用。规模化的海水养殖在带来巨大生态效益的同时也通过海洋碳汇交易平台提供了巨大的经济效益，刺激了经济增长。海岸带生态系统的恢复和保护工程与绿色金融工具的结合对发展蓝碳金融也具有重要的意义，当前我国海洋碳汇交易案例中，有多个项目都是以红树林造林及修复所产生的碳减排量为产品进行交易的。此外，海洋碳汇和绿色金融未来的深度融合发展还有利于打造减碳增汇、推动低碳经济增长的蓝碳产业链，从而推动形成新的经济增长点。2021 年，生态环境部发布的《碳排放权交易管理办法（试行）》正式实施，对指导全国蓝碳市场建设工作具有重要的指导意义；同年 8 月，厦门产权交易中心成立全国首个海洋碳汇交易服务平台，创新开展海洋碳汇交易，实践开发海洋碳汇投融资产品，为我国"双碳"目标的实现提供了新机制、新平台。

## （二）粤港澳大湾区海洋碳汇与绿色金融融合发展

依托优越的地理环境、丰富的海洋资源、强大的经济实力和完善的碳交易平台，粤港澳大湾区具备发展海洋碳汇交易、开发蓝碳金融产品以及构建全国统一的海洋碳汇交易平台的良好基础。然而由于海洋碳汇的监测及计量困难、海洋碳汇交易服务平台尚未统一建立等限制，粤港澳大湾区的海洋碳汇交易及海洋碳汇投融资仍在试点探索阶段，尚未形成规模。

蓝碳政策导向方面，2021 年，广东省政府办公厅发布了《广东省海洋经济发展"十四五"规划》，提出要支持在广州、深圳、珠海、江门、惠州和湛江等地开展海洋碳中和试点和示范应用，探索海洋碳汇交易，推动构建粤港澳大湾区碳市场；2023 年 1 月，广东省自然资源厅发布了《广东省重要生态系统保护和修复重大工程总体规划（2021—2035 年）》，指出要加强红树林、海草床、珊瑚礁等典型海洋生态系统保护修复，提升海洋蓝碳固碳增汇能力，并开展红树林生态系统碳汇交易试点，逐步完善蓝碳碳汇项目开发交易标准体系，建立红树林碳汇交易机制。相关政策文件的发布为推动粤港澳大湾区海洋碳汇与绿色金融融合发展提供了有利的政策指引。

蓝碳交易案例方面，粤港澳大湾区在海洋碳汇监测计量方法学、碳普惠核证减排方法学、海洋碳汇交易实践等方面均进行了积极探索，在蓝碳领域走在全国前列。2020 年 3 月，广东省开发"湛江红树林造林项目"，采用 CDM 机制的方法学——退化红树林生境的造林和再造林，对湛江红树林国家级自然保护区内 2015—2020 年间新种植的 380 公顷红树林进行减排量测算，并于 2021 年 4 月通过审批，成为全球首个同时符合 VCS 和气候社区生物多样性标准（CCB）的碳汇项目，同时也成为我国开发的首个蓝碳交易项目[①]；2021 年 6 月，北京市企业家环保

---

① 广东省发展和改革委员会. 绿色低碳发展案例：湛江打造全国首个蓝碳交易项目［EB/OL］. http://drc.gd.gov.cn/gzyw5618/content/post_3736777.html.

基金会向"湛江红树林造林项目"以每吨 66 元的价格购买了该项目签发的首笔 5 880 吨二氧化碳减排量，成为国内首个探索蓝碳项目交易的成功实践。2020 年 6 月 3 日，深圳市发布了全国首个综合性的地区海洋碳汇核算方法体系——《海洋碳汇核算指南》。2022 年 4 月，广东省生态环境厅发布了《广东省碳普惠交易管理办法》，为广东省海洋碳普惠的发展提供了重要的指引。2023 年 4 月，参考林业碳普惠做法以及《广东省碳普惠交易管理办法》，广东省生态环境厅发布了《广东省红树林碳普惠方法学（2023 年版）》，规定了广东省内（不含深圳市）红树林生态修复过程中实施增汇行为产生的碳普惠核证减排量的核算流程和方法，成为全国首个蓝碳碳普惠方法学，弥补了相关领域的空白。

蓝碳融资探索方面，2022 年，汕头市通过对南澳县某养殖户养殖的牡蛎碳汇量进行评估，并参考市场价格将其预计可实现的碳汇收益权作为质押，发放了广东省首笔海洋碳汇预期收益权质押贷款 50 万元，在广东省率先开辟了蓝色碳汇碳融资的新路径。2023 年 3 月，在中国人民银行阳江市中心支行指导下，中国工商银行阳江分行成功落地了粤西首笔海洋碳汇预期收益权质押贷款，成功为企业发放海洋渔业碳汇预期收益权质押贷款 200 万元，有效拓宽了绿色融资渠道；5 月，广发银行创新推出"海洋碳汇预期收益结算账户质押＋融资担保"业务，成功为阳江市花甲螺养殖企业发放 300 万元农业贷款，有效地发挥了金融力量以支持蓝碳经济发展。

### （三）　粤港澳大湾区海洋碳汇与绿色金融融合发展的优势

粤港澳大湾区具有优越的海洋碳汇资源禀赋、雄厚的地区经济实力、强大的海洋科技创新能力以及完善的碳交易服务平台等独特优势，有助于推动海洋碳汇与绿色金融的深度融合。

#### 1. 海洋碳汇资源禀赋优越

粤港澳大湾区拥有绵长的海岸线，良好的海岸带生境，大面积的滩涂、湿地和浅海区域，完善的渔业养殖体系等多样化的自然资源及海水养殖优势，更是我国少有的同时拥有红树林、滨海盐沼、海草床这三个被联合国政府间气候变化专门委员会所承认的可交易蓝碳的系统。粤港澳大湾区优越的海洋生态资源禀赋为大湾区海洋碳汇与绿色金融融合发展提供了良好的生态基础。

#### 2. 地区经济实力雄厚

综合经济实力方面，粤港澳大湾区是我国乃至全球最具经济活力的地区之一，

2023 年，粤港澳大湾区实现地区生产总值 14.06 万亿元，以不到全国 0.6% 的国土面积创造了全国九分之一的经济总量，较 2022 年实现了 7.8% 的快速经济增长，地区综合实力强劲。其中，珠三角九市的地区生产总值达 11.02 万亿元，占大湾区的 78.38%，占广东省的 81.23%；此外，2023 年粤港澳大湾区人均地区生产总值达到 16.46 万元，较 2022 年实现了约 8.0% 的快速增长，比全国水平高出约 7.52 万元，大湾区的经济水平引领全国。① 从粤港澳大湾区核心城市发展情况来看，广州、深圳、香港、澳门四大核心城市的经济总量在 2018—2023 年平均占比约为 68%（见图 7-11），在粤港澳大湾区的经济发展中发挥了积极的引领作用。

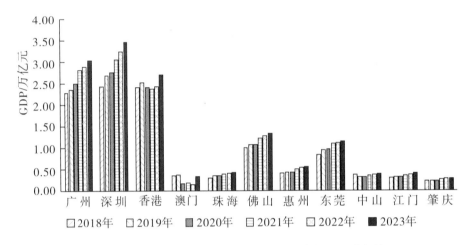

图 7-11　2018—2023 年粤港澳大湾区内各城市 GDP 增长情况

资料来源：历年《广东省统计年鉴》，《粤港澳大湾区蓝皮书：中国粤港澳大湾区改革创新报告（2024）》。

海洋经济实力方面，粤港澳地区的表现也十分突出，连年居于全国首位，基本形成了行业门类齐全、优势产业突出的现代海洋产业体系。以广东省为例，据《广东海洋经济发展报告（2024）》以及广东省统计局公布的数据，2023 年广东省实现海洋生产总值达 1.88 万亿元，占地区生产总值的 13.8%，占全国海洋生产总值的 18.9%，海洋经济实力 29 年来引领全国。作为粤港澳大湾区的核心城市，广州、深圳、香港和澳门的海洋经济实力均十分强劲，2023 年广州市海洋生产总值达 3 700 多亿元，深圳市海洋生产总值超 3 200 亿元，占各地区生产总值分别约为

---

① 孙延明，涂成林，谭苑芳，等. 粤港澳大湾区蓝皮书：中国粤港澳大湾区改革创新报告（2024）. 北京：社会科学文献出版社，2024.

12% 和 9%，香港和澳门作为中外海上贸易的重要枢纽，在推动商贸合作、促进资金融通方面对促进粤港澳大湾区海洋经济发展也做出了突出贡献；此外，珠海、惠州等城市的海洋实力也十分亮眼，2022 年珠海市和惠州市的海洋生产总值约为1 000 亿元，占各地区生产总值均超过 20%。总体来看，粤港澳大湾区的海洋经济已经成为引领地区经济发展的"蓝色引擎"，现代海洋城市和海洋经济的不断发展将推动粤港澳大湾区成为我国经济发展的核心增长极。

### 3. 海洋科技创新能力强大

依托强大的经济实力，粤港澳大湾区的海洋科技创新能力也十分强劲。广东省 2018 年开始连续设置海洋经济高质量发展专项资金，共支持海洋经济创新项目172 个，涉及财政资金 9 亿元（袁持平等，2022），政府支持海洋经济的力度强劲。据《广东海洋经济发展报告（2024）》以及广东省自然资源厅公布的数据，2023年，广东省海洋经济发展专项投入超过两亿元，在海洋渔业、海洋可再生能源等重要海洋领域获得公开专利 16 141 项，海洋领域存量建设的省级以上科研平台超100 个，包含国家重点实验室 1 个、省实验室 1 个、省重点实验室 49 个，涉海省级工程技术研究 50 个。由于毗邻港澳、市场经济发达以及人才资源丰富等原因，广东省内大部分涉海科研平台均集中在广州、深圳和珠海等珠三角城市，2023 年，广州市集聚了 58 个涉海科研机构、42 个省部级以上海洋科学实验室、10 个国家级海洋科技创新平台；深圳市仅南山区就拥有涉海高校和科研机构 10 余家、海洋创新载体平台 59 个；珠海市则拥有海洋领域创新平台 28 个。此外，香港和澳门作为拥有较多国际一流科技人才以及高水平建设高校的地区，具有领先的海洋科创实力，推动港澳资金、科技、人才等要素资源与广深珠引领下珠三角产业的融合发展，对提升粤港澳大湾区的海洋科创能力、推动科技成果转化应用以及发展粤港澳海洋经济新业态具有非常重要的意义。

### 4. 碳交易服务平台完善

粤港澳大湾区拥有完善的碳交易服务平台、稳定的碳交易发展基础以及丰富的碳交易实践经验。粤港澳大湾区的核心城市——广州和深圳，是我国碳排放权国家级地方交易试点城市，拥有广州碳排放权交易中心（简称广州碳交中心）和深圳排放权交易所（简称深圳排交所）两个国家级碳排放权交易平台。其中，广州碳交中心是大湾区唯一兼具国家碳交易试点和绿色金融改革创新试验区试点的双试点机构，截至 2022 年 12 月 9 日，广州碳排放权交易中心参与控排会员数超

2 900 个，累计成交配额约 2.14 亿吨，累计成交金额超 56 亿元，占全国碳交易试点 35%，[①] 碳配额现货年交易量排名世界前列，获得了国内的广泛认可，为提供粤港澳大湾区区域碳交易服务平台、推动构建粤港澳大湾区统一碳市场建设做出了突出贡献。此外，深圳市是我国第一个正式启动碳排放交易的试点城市，成交额率先突破亿元，流动率连续多年全国第一，也是目前覆盖企业数量最多、交易最活跃、减排效果最显著的试点之一。深圳排交所自运营十年来（2013—2023 年）碳配额累计成交超过 1 亿吨，成交金额超过 20 亿元，年均流动率超过 20%，连续九年居全国第一。[②]

另外两个粤港澳大湾区核心城市——香港和澳门作为全球知名的国际化城市，拥有良好的对接国际碳交易市场的基础（李政等，2022）。2022 年 10 月，香港交易所启动全球碳交易平台 Core Climate，为粤港澳大湾区未来的碳交易发展提供了良好的国际平台。

# 第二节　海洋碳汇与绿色金融融合发展现存问题

粤港澳大湾区在推进海洋碳汇与绿色金融融合发展的过程中，在地理位置、经济发展、科创能力、碳交易基础等方面具有独特的优势。但与此同时，海洋生态环境、海洋碳汇计量、海洋碳汇交易体系建设以及蓝碳金融系统各要素协同等方面存在的不足也需要加以重视。

## 一、海洋生态环境严峻

海洋生态问题是直接影响粤港澳大湾区未来海洋碳汇发展情况的最为直接的问题。粤港澳大湾区作为中国开放程度最高、经济活力最强的区域之一，吸引了大量人口聚集，推动着大湾区不断向现代化和城市化发展，进行大规模的填海造陆活动，根据王军等（2023）的研究，粤港澳大湾区 40 多年来填海面积已达 942

---

① 许青青，吴皓星. 广州碳排放权交易中心累计成交金额超 56 亿元［EB/OL］. https://baijiahao.baidu.com/s?id = 1762874022098662916&wfr = spider&for = pc.

② 深圳市人民政府国有资产监督管理委员会. 深圳排交所成功主办深圳碳市场开市十周年活动［EB/OL］.（2023 – 06 – 21）. http://gzw. sz. gov. cn/ztzl/gzgqztzl/szssgzgqshzrzl/wyfz/content/post_10664597. html.

平方千米，陆域水体减少了 996 平方千米，1990—2021 年的三十余年间粤港澳大湾区的建设用地面积增加了 5 787 平方千米，耕地数量大量减少，人地矛盾不断突出。快速的城市化带来了严峻的生态问题，目前粤港澳地区自然湿地已经出现退化趋势，红树林等重要湿地资源出现萎缩和功能受损，例如广东省的沿海防护林就遭到了严重破坏，约有 21.6% 的海岸线遭受不同程度的侵蚀，全省自然岸线比重已降至 36% 左右，这对粤港澳大湾区未来海洋碳汇的开发将产生消极的影响。生态系统受损与功能退化不仅对省内的生态文明发展、生物多样性保护造成了严重的影响，还会显著限制粤港澳大湾区海岸带生态系统的碳汇功能。

## 二、海洋碳汇监测及计量复杂

海洋碳汇监测、计量困难是限制海洋碳汇交易服务最为基础的问题。虽然粤港澳大湾区拥有丰富的海洋资源，海洋碳汇量十分可观，在进行严格保护和持续修复海洋生态系统的前提下可以为粤港澳大湾区蓝碳交易实践提供坚实的资源基础，然而由于部分地区环境监测和保护理念落后、蓝碳资源产权权属和分配关系尚未明晰、科技设备人才资金等要素支撑能力不足、蓝碳监测及计量复杂等因素的限制，难以对区域内各类海洋碳汇进行精准的监测、计量和本底估算。目前国际国内对海洋碳汇监测及计量的技术规范、标准体系以及市场认证等仍主要处于实验性的探索阶段，具体运用到碳交易实践方面的多为红树林和贝类养殖所产生的碳汇交易标准，对其他类型碳汇特别是占海洋总生物量 90% 的微型生物产生的碳汇量的计量、监测和碳交易实践的操作比较困难，限制了海洋碳汇交易项目的市场性推广。因此，目前粤港澳大湾区海洋碳汇与绿色金融融合发展在碳汇资源本底调查方面就存在基本性阻碍，仍有待进一步探索。

## 三、海洋碳汇交易体系仍不成熟

海洋碳汇交易体系仍不成熟是海洋碳汇与绿色金融融合发展过程中最为核心的问题。由于当前海洋碳汇并未明确地被纳入我国如今的温室气体自愿减排交易机制，各地的蓝碳交易市场缺乏衔接和统一，并且缺乏标准化系统化的组织管理，粤港澳大湾区内乃至全国领域的蓝碳交易基本为探索合作性交易，蓝碳交易数量少、准入条件模糊、交易渠道有限且市场参与者不多，许多项目具有很强的公益性，缺乏市场性，因此蓝碳交易往往会被认为是一种"象征性交易"，目前仍处于探索试验的阶段，尚未形成完善的交易体系。此外，由于蓝碳交易尚未完全发展起来，因此相关的蓝碳金融产品也并不丰富，且多为大型银行引领，中小型金融机构的参与度不高，金融机构赋能蓝碳交易实践的程度还有待加强。另外，目前我国蓝碳资本风险管控机制仍存在空白之处，投资者投资意愿及信心不足，阻碍了大湾区内大量的海洋领域相关企业的蓝碳交易实践，使得粤港澳大湾区海洋碳汇与绿色金融的融合发展缺乏市场主体活力，将影响蓝碳项目的长远发展。

## 四、蓝碳金融系统各要素协同能力有待提升

蓝碳金融系统各要素协同能力不足是粤港澳大湾区海洋碳汇和绿色金融融合发展过程中最为本质的问题。蓝碳金融系统主要包含企业、政府监管部门、金融机构、科研机构等主体要素。企业可以通过参与蓝碳项目推动碳中和目标实现；政府监管部门可以制定相关政策和标准，推动蓝碳项目的实施和管理，确保项目符合绿色金融要求；金融机构可以通过为蓝碳项目提供金融支持并创新蓝碳金融产品助推海洋碳汇项目发展；科研机构可以提供理论和技术支撑，完善蓝碳核算体系和交易机制，为蓝碳交易提供科学依据和技术支持。在推动蓝碳金融的过程中，各类要素需协同合作、相互监督，缺一不可。然而，由于地区间的发展目标以及经济科技水平差异、部门机构间的职责不清以及建设思路不统一等问题，粤港澳大湾区蓝碳金融系统各要素的协同合作能力不强，例如广州、深圳、香港和澳门的经济发展水平已达到较高水平，开始追求更高的生态目标，而其他地区可能更加关注地区经济发展效应，对生态保护、蓝碳科研投入以及蓝碳交易实践的政策导向并不明确，此外，各部门蓝碳交易实践存在多头建设和分头建设，且不同海洋碳汇的研究和建设程度不统一，导致海洋碳汇建设和蓝碳金融发展的效率不高。

## 第三节　海洋碳汇与绿色金融融合发展的机遇与挑战

当前，我国正处于实现"双碳"目标的关键时期，粤港澳大湾区作为在新发展格局中具有重要战略地位的区域，具有实现绿色低碳发展、建设绿色发展示范区的使命任务，要提前规划，主动作为，抓住政策力度强劲、"双碳"目标建设等重大机遇，应对人口集聚、生态破坏等重大挑战，加快实现海洋碳汇与绿色金融融合发展，助力粤港澳大湾区率先构建海洋碳汇金融体系，为全国"双碳"目标实现提供坚实力量。

### 一、重大机遇

目前，粤港澳大湾区海洋碳汇与绿色金融融合发展面临着重大的机遇。一是面向"碳达峰""碳中和"的战略目标，党中央、国务院及各级地方政府从战略和全局高度持续关注海洋碳汇功能，对大力发掘海洋碳汇潜力，积极探索开展海洋生态系统碳汇试点以及蓝碳交易试点提出了重点要求，为海洋碳汇与绿色金融融合发展提供了完善的政策指引。二是近年来，国家和地方纷纷出台越来越完善的海洋碳汇核算方法学以及海洋碳汇的碳普惠方法学，不断规范海洋碳汇的本底调查[①]以及市场化机制建设。三是随着政策的不断创新完善，蓝碳交易合作越发深入，蓝碳交易逐渐从象征性走向市场化，且蓝碳交易形式与应用领域得到不断创新，为粤港澳大湾区的海洋碳汇交易体系及交易服务平台构建提供了丰富的经验。

### 二、面临挑战

当前，粤港澳大湾区海洋碳汇与绿色金融融合发展进程中面临着严峻的挑战。一是随着粤港澳大湾区的人口规模不断增长，生态问题日趋严重，未来海洋碳汇

---

[①]　海洋碳汇本底调查是指对海洋生态系统中的碳汇资源进行全面的调查和评估，以了解其固碳潜力和现状，目的是明确海洋生态系统中的碳汇资源分布、面积、数量等，系统评估海洋碳汇总储碳量和年碳汇量，全面摸清海洋碳汇资源的本底情况。通过资料收集、卫星遥感、无人机航拍、现场踏勘等方式，对全域红树林、滨海盐沼、贝类养殖等海洋碳汇资源开展调查，全面了解海洋生态系统的碳汇能力，为制定保护和增强海洋碳汇的措施提供科学依据。

生境的保护、修复压力较大，粤港澳大湾区的海洋碳汇开发存在一定的困难。二是当前的海洋碳汇衡量标准以及交易体系还尚未成熟，国际蓝碳交易主要集中在红树林修复领域，其他海洋生态系统的碳汇计量及交易发展得相对迟缓，将会影响大湾区内除红树林外的其他海洋生态系统的碳汇交易实践。三是由于人类活动造成的海洋污染严重，生物多样性丧失风险增加，海洋碳汇增汇难度加大。

## 第四节　国内外典型案例分析与经验借鉴

随着气候问题愈发严峻，在探索全球低碳发展路径的过程中，国际社会越来越认识到海洋碳汇的发展潜力。当前，国内外从政策规划导向领域及海洋碳汇交易领域都出现了较为丰富的案例，虽然海洋碳汇与绿色金融融合发展尚未形成规模，但仍为粤港澳大湾区海洋碳汇与绿色金融未来的深度融合提供了有效的经验借鉴。

### 一、政策规划导向领域

当前国内外的海洋碳汇和绿色金融发展均处于起步阶段，海洋碳汇与绿色金融融合发展政策规划导向领域的重点仍在海洋碳汇发展政策布局、海洋碳汇生态保护、海洋碳汇监测计量方法学的制定这三个领域，关于蓝碳交易平台、服务及体系建设的规划文件较少。粤港澳大湾区在充分借鉴国内外蓝碳金融优秀政策案例的同时，要深刻把握国内蓝碳金融体系发展的痛点所在，提出符合粤港澳大湾区特色的蓝碳金融政策文件，并充分利用现有优势，抓住重大机遇，直面挑战，推出标准化高、适用性强的，能促进全国乃至国际蓝碳金融体系发展的政策，为蓝碳金融发展贡献大湾区力量。

### （一）国际：大力推动"蓝碳"倡议，推出国际标准蓝碳监测计量方法学

从海洋碳汇发展政策布局领域来看，自 2009 年《蓝碳报告》发布以来，国际上海洋碳汇的相关政策倡议导向逐渐完善。2010 年保护国际基金会、联合国教科文组织政府间海洋学委员会及世界自然保护联盟联合启动了"蓝碳倡议"计划，

成立了蓝碳政策工作组和科学工作组，并陆续发布了《蓝碳政策框架》《蓝碳行动国家指南》《海洋碳行动的倡议报告》等一系列报告，旨在推进全球沿海及海洋生态系统的保护、恢复与可持续利用，为全球蓝碳的科学研究、政策制定及项目实施提供了完备的指导。2011 年，联合国开发计划署等国际组织发布了《海洋及沿海地区可持续发展蓝图》，提出了保护海洋生境、建立国际蓝碳市场的目标，有力地推动了全球蓝碳事业的发展。

从海洋碳汇生态保护领域来看，国外的三大湾区——旧金山湾区、纽约湾区和东京湾区在沿海湿地的恢复及保护方面有着许多经验。例如，旧金山通过人为补给沉积物的方式修复湾区海岸带，恢复沿海湿地生态功能；纽约对弗莱士河公园进行土层净化，保护生物多样性；日本通过人工种植林来治理琵琶湖的生态环境等（于凌云等，2019）。此外，国外三大湾区对湿地生态保护均高度重视，建立了完整的湿地生态保护法律体系，并使用先进的修复技术推动湾区的生态保护与生态发展。

从海洋碳汇监测计量方法学领域来看，2014 年，联合国政府间气候变化专门委员会发布的《对 2016 IPCC 国家温室气体清单指南的 2013 增补：湿地》以及联合国教科文组织政府间海洋学委员会发布的《滨海蓝碳：红树林、盐沼和海草床碳储量和碳排放因子评估方法》，为全球海岸带生态系统碳汇的监测及估算提供了重要的参考。目前，国际上普遍认可的是 CDM 批准的《退化红树林生境的造林和再造林方法学》《在湿地开展的小规模造林和再造林项目活动》以及 VCS 批准的《构建滨海湿地的方法学》《滨海湿地和海草恢复方法学》，主要包括红树林、滨海盐沼、海草床三大生态系统的监测及计量。

### （二）国内：蓄力实现"中国蓝碳计划"，积极探索地区特色蓝碳行动

从海洋碳汇发展政策布局领域来看，作为负责任的大国，我国积极参与国际蓝碳行动。2013 年，我国建立了全国海洋碳汇联盟（COCA），并在 2014 年推出"中国蓝碳计划"。2015 年中共中央国务院发布的《关于加快推进生态文明建设的意见》明确指出，要通过增加蓝碳来控制气候变化；同年，"建立增加森林、草原、湿地、海洋碳汇的有效机制，加强应对气候变化国际合作"被纳入《生态文明体制改革总体方案》，标志着海洋碳汇正式成为国家发展战略的组成部分，为国

际蓝碳发展做出了中国贡献。2016 年国务院发布的《"十三五"控制温室气体排放工作方案》也指出，要探索开展海洋生态系统碳汇试点。2017 年发布的《"一带一路"建设海上合作设想》，提出将加强蓝碳国际合作作为未来的合作重点之一；同年发布的《关于完善主体功能区战略和制度的若干意见》也提出，要探索构建蓝碳标准体系与交易体制。地区层面，海南省 2019 年发布的《国家生态文明试验区（海南）实施方案》明确支持海南进行蓝碳试点及交易探索。2020 年，厦门成立了福建省海洋碳汇重点实验室，为"双碳"目标建设提供海洋碳汇研究人才与科技支撑。2021 年，山东威海发布了《威海市蓝碳经济发展行动方案（2021—2025 年）》，成为全国首个蓝碳经济发展计划。2022 年，海南国际蓝碳研究中心揭牌，为蓝碳领域的基础理论研究提供支撑；同年，湛江发布《关于金融支持湛江建设"红树林之城"的指导意见》，出台实施了全国首份金融支持红树林生态保护文件。

从海洋碳汇生态保护领域来看，自 2021 年我国启动红树林保护工程以来，《全国湿地保护工程规划（2002—2030 年）》《湿地保护修复制度方案》《全国湿地保护"十三五"实施规划》《全国沿海防护林体系建设工程规划（2016—2025 年）》《红树林保护修复专项行动计划（2020—2025 年）》《全国湿地保护规划（2022—2030 年）》等方案、规划及计划文件陆续出台，为我国的海洋碳汇生态环境发展提供了良好的政策导向。

从海洋碳汇监测计量方法学领域来看，基于本国国情，我国积极探索适合本国生态系统的海洋碳汇监测及计量方法。早在 1998 年，海南省就发布了《海南省红树林保护规定》，对加强红树林资源的保护管理做出了规定，推动地区生物物种多样性保护，促进沿海生态环境改善。2005 年，国家海洋局发布的《红树林生态监测技术规程》规定了红树林生态监测的主要内容、技术要求和方法，为我国红树林生态系统的保护、碳中和策略的制定提供了技术支撑。2015 年，广西发布了《红树林湿地生态系统固碳能力评估技术规程》，为红树林湿地生态系统的固碳能力评估提供了技术规范。2020 年 6 月 3 日，深圳市发布了《海洋碳汇核算指南》，规定了深圳市行政区域内海洋碳汇量的核算要求及方法，是全国首个综合性的地区海洋碳汇核算方法体系。2021 年，自然资源部发布了《养殖大型藻类和双壳贝类碳汇计量方法碳储量变化法》，为我国渔业碳汇的计量提供了重要的技术指导。2022 年发布的《海洋碳汇核算方法》及《海洋碳汇经济价值核算方法》成为我国首个综合性海洋碳汇及其经济价值核算行业标准，构建了适用于我国海洋碳汇核算的方法学体系，弥补了海洋碳汇领域核算方法行业标准的空白。2023 年 5 月，自然资源部统一发布了 6 项蓝碳生态系统技术规程，对红树林、海草床、滨海盐沼这三类海岸带生态系统碳汇的计量检测、调查评估做出了规范，为我国海洋碳汇能力监测与提升提供了重要的指导。

### （三）粤港澳大湾区经验借鉴

根据国内外海洋碳汇政策导向的优秀经验，粤港澳大湾区在推动海洋碳汇与绿色金融融合发展的过程中，一是要构建适用于本区域的海洋碳汇发展战略，提出粤港澳大湾区的海洋碳汇发展行动方案，着力保护大湾区内湿地等海洋碳汇生态系统，并积极与国内外具有丰富的蓝碳研究、勘测、计量的研究机构及技术单位合作；二是要发布适用于粤港澳大湾区区情的综合性海洋碳汇核算标准，成立粤港澳大湾区海洋碳汇重点实验室，积极探索具有巨大潜能的微型生物碳汇的研究，为我国海洋碳汇研究提供大湾区方案。

## 二、海洋碳汇交易领域

由于国际社会对海洋碳汇的认识保护以及监测计量仍处于起步阶段，目前对海洋碳汇规模的测度力度、测量方法的标准化程度以及海洋碳汇交易的普及度仍较低，因此国内外蓝碳金融的案例并不多，现有案例多为以海洋碳汇作为交易标的进行购买、拍卖的交易，蓝碳金融在金融体系构建以及金融工具完善方面仍处于探索阶段。然而，由于国家的政策导向激励，国内越来越多的蓝碳金融案例涌现，国内蓝碳交易逐渐由象征性走向市场化，交易内容以及金融工具不断创新。粤港澳大湾区作为引领全国蓝碳交易的排头兵，要抓住现有机遇，推动构建全国性乃至国际性的蓝碳交易平台，创新推出具有市场性质、可推广、接受度高的蓝碳金融工具，探索形成粤港澳大湾区推动海洋碳汇与绿色金融融合发展的典型案例。

### （一）国际：国际海洋碳汇交易仍在起步，交易案例较少

自 2005 年《京都议定书》正式生效以来，全球许多国家和地区开始建立碳交易体系，并且取得了丰富的成果，然而海洋碳汇交易作为一个新兴领域，目前市

场上的交易项目较少。据青岛市海洋发展促进中心统计，通过 CDM、VCS、维沃计划标准（PVS）认证的处于项目有效期内的国际蓝碳交易项目仅 9 个。不难看出，国际海洋碳汇仍处于起步阶段。

### （二）国内：蓝碳交易逐渐由象征性走向市场化，交易内容及方式不断创新

我国的海洋碳汇交易也是近些年才开始发展。2021 年 7 月，全国首个海洋碳汇交易服务平台在厦门成立，该平台与国内海洋碳汇领域的院士团队合作，将有序开发海洋碳汇方法学体系，创新开展海洋碳汇交易，为我国构建统一的蓝碳交易平台提供经验。

从海洋碳汇交易项目情况来看，我国的海洋碳汇交易主要涉及红树林保护修复项目、渔业碳汇项目等，相关项目的开展地点主要分布在山东、浙江、福建、广东等沿海省份，交易性质逐步由一定程度上的象征性走向市场化。2021 年，广东湛江开发的"湛江红树林造林项目"在青岛签署首笔 5 880 吨的碳减排量转让协议，标志着我国首个蓝碳交易项目正式完成。2022 年 1 月，福建福州连江县依托厦门产权交易中心完成了全国首宗海洋渔业碳汇交易，海洋碳汇交易量达 15 000 吨；截至 2023 年 8 月，该项目累计完成交易约 2.1 万吨，交易额达 32 万元。2022 年 5 月，在海南省政府和海口市政府的共同推动下，海南首个蓝碳生态产品交易项目——"海口市三江农场红树林修复项目"完成签约，交易碳汇量 3 000 余吨，交易额达 30 余万元。2023 年 6 月，温州达成浙江省首单红树林蓝碳交易签约仪式，交易面积 31.4 公顷，交易总量为 2016—2026 年十一年间的碳汇总量。2023 年 7 月，浙江省舟山市达成该市首笔海洋碳汇交易项目，惠及 518 户贻贝养殖渔民以及 2.23 万亩贻贝养殖面积。

此外，我国在探索蓝碳交易的过程中还不断创新其他蓝碳交易形式及应用领域。2021 年 9 月，兴业银行厦门分行通过"蓝碳基金"完成了首笔海洋碳汇交易，购买了 2 000 吨红树林修复项目，用于抵消兴业银行与厦门航空共同推出的首批"碳中和机票"旅客旅程的碳排放。2022 年 10 月，福建恒捷实业有限公司使用兴业银行数字人民币钱包采购了 1 000 吨海洋渔业碳汇，创新了海洋碳汇交易的支付手段，并落地了福建省首单海洋碳汇收益权质押融资业务。2023 年 2 月，浙江省宁波市象山县以每吨 106 元的价格拍卖了宁波象山西沪港一年的碳汇量，成为中国

首次以拍卖形式进行的蓝碳交易。2023 年 6 月，在东亚海洋合作平台青岛论坛上，论坛执委会与青岛东基海业有限公司签订了海洋碳汇交易协议，用于抵消论坛产生的温室气体排放，达成了山东省首笔海洋碳汇交易，也成为我国首次海洋主题论坛的碳中和实践。2023 年 7 月，内蒙古自治区呼和浩特市赛罕区检察院在办理一起危害珍贵、濒危野生动物刑事附带民事公益诉讼案中，确认该案当事人以购买海洋碳汇的方式进行生态补偿，探索了"生态保护＋蓝碳认购"的生态修复的新路径。2023 年 9 月，广东深圳正式发布红树林保护碳汇拍卖公告，将深圳福田红树林自然保护区内 3 875 吨的红树林保护碳汇量进行拍卖，最终深圳市家化美容品有限公司以 485 元/吨的成交价竞得，达成全国首单红树林保护碳汇拍卖交易。

表 7－6　我国海洋碳汇交易案例

| 时间 | 地区 | 内容 | 碳汇类型 |
| --- | --- | --- | --- |
| 2021 年 6 月 | 广东省湛江市 | 北京市企业家环保基金会购买了"湛江红树林造林项目"产生的 5 880 吨二氧化碳减排量，用于抵消基金会日常工作和开展活动产生的碳排放，成为我国首个蓝碳交易项目 | 红树林造林碳汇 |
| 2021 年 9 月 | 福建省厦门市 | 兴业银行厦门分行委托厦门产权交易中心通过"蓝碳基金"购入全国首笔海洋碳汇 2 000 吨，用以抵消兴业银行与厦门航空共同推出的首批"碳中和机票"旅客旅程的碳排放 | 红树林修复碳汇 |
| 2022 年 1 月 | 福建省福州市 | 连江县海水养殖渔业碳汇交易项目依托厦门产权交易中心（全国首个海洋碳汇交易平台），完成 15 000 吨海水养殖渔业海洋碳汇交易项目；截至 2023 年 8 月，该项目累计完成交易约 2.1 万吨，交易额达 32 万元 | 渔业碳汇 |
| 2022 年 5 月 | 海南省海口市 | 紫金国际控股有限公司购买了海口市三江农场红树林修复项目近 5 年产生的 3 000 余吨碳汇量，交易额 30 余万元 | 红树林修复碳汇 |
| 2022 年 10 月 | 福建省福州市 | 福建恒捷实业有限公司使用兴业银行数字人民币钱包向福建亿达食品有限公司购买海洋碳汇 1 000 吨 | 渔业碳汇 |

（续上表）

| 时间 | 地区 | 内容 | 碳汇类型 |
|---|---|---|---|
| 2023 年 2 月 | 浙江省宁波市 | 浙江省宁波市象山县以每吨 106 元的价格拍卖了宁波象山西沪港渔业一年的碳汇量 2 340.1 吨，拍卖金额 24 余万元 | 渔业碳汇 |
| 2023 年 6 月 | 浙江省温州市 | 远景（苍南）新能源有限公司购买了苍南县沿浦湾 31.4 公顷的红树林在 2016—2026 年的碳汇量，涉及碳汇量 2 023 吨，交易金额 12 万余元 | 红树林碳汇 |
| 2023 年 6 月 | 山东省青岛市 | 2023 东亚海洋合作平台青岛论坛执委会与青岛东基海业有限公司签订了海洋碳汇交易协议，用于抵消论坛产生的温室气体排放 | 渔业碳汇 |
| 2023 年 7 月 | 浙江省舟山市 | 舟山市机关事务管理中心、浙江浙能中煤舟山煤电有限责任公司认购嵊泗山海奇观海洋科技开发有限公司的未来贻贝养殖项目减排量，将惠及 518 户贻贝养殖渔民以及 2.23 万亩贻贝养殖面积 | 渔业碳汇 |
| 2023 年 7 月 | 内蒙古自治区呼和浩特市 | 内蒙古自治区呼和浩特市赛罕区检察院办理一起危害珍贵、濒危野生动物刑事附带民事公益诉讼案中，确认该案当事人通过厦门市产权中心海洋碳汇交易服务平台购买 4.5 万元海水养殖碳汇进行生态补偿 | 渔业碳汇 |
| 2023 年 9 月 | 广东省深圳市 | 深圳正式发布全国首单红树林保护碳汇拍卖公告，于 2023 年 9 月 26 日拍卖福田红树林自然保护区第一监测期内的 3 875 吨红树林保护碳汇量，深圳市家化美容品有限公司成功拍得 | 红树林碳汇 |

资料来源：笔者根据公开资料整理。

除海洋碳汇交易项目外，与海洋碳汇有关的其他金融服务也在有序发展中。2021 年 7 月，兴业银行厦门分行与厦门产权交易中心合作，设立了全国首个"蓝碳基金"，助推海洋碳汇交易项目发展。2021 年 8 月，兴业银行青岛分行以胶州湾湿地碳汇为质押，落地了全国首笔湿地碳汇贷款，涉及金额达 2 800 万元；同月，威海市荣成农商银行落地了全国首笔以海产品养殖减碳量远期收益权为质押的

2 000万元海洋碳汇绿色贷款。2021年10月，广西防城港市区农村信用合作联社向广西小藻农业科技有限公司发放50万元，这是广西首笔海洋碳汇收益权质押贷款，进一步推动了蓝碳金融创新。2022年5月，威海市落地全国首单海洋碳汇指数保险，同年6月，落地了全国首单渔业碳汇指数保险，探索了海洋碳汇的保险补偿和交易机制，填补了国内海水养殖碳汇指数保险的空白。2022年7月，汕头落地了广东省首笔海洋碳汇预期收益权质押贷款，在广东省率先开辟了蓝色碳汇碳融资的新路径。2023年3月，阳江成功落地了粤西首笔海洋碳汇预期收益权质押贷款，进一步探索了金融领域生态产品价值的实现方案。2023年6月，福州颁发了全国首张蓝色碳票，折算碳减排量约2.75万吨，估值超过55万元，开辟了我国海洋碳汇融资新路径。

表7-7 我国海洋碳汇投融资案例

| 时间 | 地区 | 内容 | 碳汇类型 |
|---|---|---|---|
| 2021年7月 | 福建省厦门市 | 兴业银行厦门分行与厦门产权交易中心合作，设立了全国首个"蓝碳基金" | — |
| 2021年8月 | 山东省青岛市 | 兴业银行青岛分行以胶州湾湿地碳汇为质押，向青岛胶州湾上合示范区发展有限公司发放贷款1 800万元，专项用于企业购买增加碳吸收的高碳汇湿地作物等以保护海洋湿地 | 湿地碳汇 |
| 2021年8月 | 山东省威海市 | 威海市荣成农商银行向威海长青海洋科技股份有限公司发放了2 000万元的"海洋碳汇贷"，成为全国首笔以海带等海产品养殖每年产生的减碳量远期收益权为质押的绿色贷款 | 渔业碳汇 |
| 2021年10月 | 广西防城港市 | 广西防城港市区农村信用合作联社以广西小藻农业科技有限公司未来三年碳排放收益权为担保，向其发放广西首笔海洋碳汇收益权质押贷款50万元 | 渔业碳汇 |
| 2022年5月 | 山东省威海市 | 中国人寿财险荣成支公司完成对东楮岛100亩海草的投保，标志着全国首单海洋碳汇指数保险在威海落地 | 海草碳汇 |
| 2022年6月 | 山东省威海市 | 中国人寿财险为威海文登、乳山两家贝类养殖企业的800亩牡蛎海域提供风险保障160万元，成为全国首单渔业碳汇指数保险 | 渔业碳汇 |

（续上表）

| 时间 | 地区 | 内容 | 碳汇类型 |
|---|---|---|---|
| 2022 年 7 月 | 广东省汕头市 | 汕头市以南澳县某养殖户养殖的牡蛎碳汇收益权为质押，落地了广东省首笔海洋碳汇预期收益权质押贷款 50 万元 | 渔业碳汇 |
| 2023 年 3 月 | 广东省阳江市 | 在中国人民银行阳江市中心支行指导下，中国工商银行阳江分行为花蛤养殖企业发放了粤西首笔海洋碳汇预期收益权质押贷款 200 万元 | 渔业碳汇 |
| 2023 年 6 月 | 福建省福州市 | 福州市举办的海洋（渔业）碳汇高峰论坛上，连江县向福建亿达食品有限公司颁发全国首张由海洋与渔业部门备案确认的蓝色碳票，折算碳减排量约 2.75 万吨，估值超过 55 万元 | 渔业碳汇 |

资料来源：笔者根据公开资料整理。

### （三） 粤港澳大湾区经验借鉴

综合来看，我国近些年来的海洋碳汇金融实践项目不断增加，并开始逐步进入市场化交易阶段，且交易方式趋于多样化，具有许多可借鉴的成功经验及良好的发展前景。粤港澳大湾区在推进海洋碳汇与绿色金融融合发展时，要参考国内优秀经验，着重关注红树林修复、贝藻养殖等蓝碳交易项目建设，构建统一的蓝碳交易平台，吸引更多企业加入海洋碳汇交易体系，并在扩大蓝碳交易市场规模的过程中不断创新发展蓝碳金融工具，推动粤港澳大湾区的海洋蓝碳金融体系进一步完善成熟。

## 第五节　海洋碳汇与绿色金融融合发展的重点领域

粤港澳大湾区在推进海洋碳汇与绿色金融的融合发展过程中，需要着重关注政策设计与监管框架、海洋碳汇监测与计量、碳汇交易平台建设这三个重点领域。这些领域的协调发展不仅能够推动区域内海洋碳汇的有效管理和绿色金融产品的不断创新，还能够为全球应对气候变化提供有力支持和实践经验。通过系统的政策设计、科学的监测计量、完善的交易机制，粤港澳大湾区有望成为海洋碳汇与绿色金融融合发展的先行示范区。

## 一、蓝碳金融政策设计与监管领域

政策设计与监管是海洋碳汇与绿色金融融合发展的本质领域。首先，要制定和完善海洋碳汇相关的法律法规和政策，明确海洋碳汇的保护、监测和管理措施，积极推动海洋碳汇项目的科学研究和技术应用，政策应涵盖海洋生态系统的保护标准、海洋碳汇项目的技术要求以及相关激励机制。其次，从绿色金融政策方面来看，绿色金融政策应与海洋碳汇政策紧密衔接，要建立针对海洋碳汇项目的绿色金融政策框架，推动包括绿色债券、绿色贷款等金融工具在海洋领域的应用，为海洋碳汇项目提供资金支持和风险保障，激励企业和投资者参与海洋碳汇项目。此外，政策设计应当充分引导区域和国际合作，推动构建区域协同合作机制，制定区域性碳汇政策和标准，此外，还需要积极借鉴国际上蓝碳金融发展的先进经验和做法，加强与其他国家和地区在蓝碳金融领域的合作，推动地区蓝碳政策和实践的优化完善，为全球海洋碳汇体系建设贡献力量。监管框架方面，应设立专门的监管机构，负责海洋碳汇项目的审批、监测和评估，并制定严格的标准和规范，确保碳汇项目的科学性和合法性。

## 二、海洋碳汇监测与计量领域

海洋碳汇的监测与计量领域是推动蓝碳金融发展的基础领域。首先，各地要在政府单位、企业和科研机构的协同合作下，应用先进的监测技术例如卫星遥感、无人机、地面和海洋立体监测网络等对红树林再造、渔业活动等海洋碳汇的来源进行实时监控，为各地区摸清海洋碳汇本底、评估碳汇的状态和变化趋势、制定适宜的海洋碳汇保护和增汇措施等提供准确的数据支持。其次，要对接国际和国内各项标准，因地制宜构建地区海洋碳汇的具体计量标准和方法，科学、合理评估地区海洋生态系统的碳吸存能力，大力完善和推动红树林、贝藻养殖等海洋碳汇项目的计量标准和具体实践，同时积极创新滨海盐沼、海洋微型生物、海底牧场等海洋碳汇的计量标准和方法学。除海洋碳汇监测与计量外，还应积极推动海洋生态修复项目，如红树林恢复、海草床保护等，提升碳汇的能力，并且项目实施应考虑生态环境的综合效益和社会经济影响，确保其可持续性和长期效益。

### 三、海洋碳汇数据管理和交易平台建设领域

海洋碳汇数据管理平台和交易平台建设是海洋碳汇与绿色金融融合发展的核心领域。由于不同地区海洋生态系统的多样性和海洋碳汇的季节性和时效性，在运用先进监测技术评估地区海洋碳汇存量和固碳潜力的同时，还需要定期对数据进行审查更新，并适应新技术新方法的应用，来确保数据的准确性和可靠性。具体地，要构建统一的海洋碳汇监测和数据管理平台，集中存储和管理监测数据，并进行数据分析和数据公布，提高数据的透明度和实用性，为相关科学研究提供数据基础。此外，在获得了科学的海洋碳汇数据后，推动海洋碳汇的后续市场化离不开碳汇交易平台建设这一核心步骤。首先，需要设计和实施有效的交易机制，包括碳信用的认证、交易规则和市场运营模式，确保海洋碳汇交易的公平性和透明度。其次，要通过统一的碳汇交易平台为海洋碳汇项目提供便捷的交易服务，支持海洋碳汇信用的买卖、转让和清算，并提供相关的市场数据和信息服务。此外，交易平台应具备高效的交易系统、风险管控和安全保障机制，确保交易过程的顺利和数据的安全，吸引包括政府部门、金融机构、企业和社会组织等多方参与，推动市场的活跃和健康发展。

## 第六节　海洋碳汇与绿色金融融合发展路径

当前粤港澳大湾区海洋碳汇与绿色金融的融合发展需要着眼于蓝碳金融政策设计与监管、蓝碳监测与计量、蓝碳数据管理与交易等重点领域，具体实践路径包括强化海洋碳汇建设顶层设计，推动海洋碳汇生态治理及蓝碳增汇，完善海洋碳汇监测、计量标准及方法学，以及建设海洋碳汇交易服务平台。同时，粤港澳大湾区要加紧布局，推动重点领域的任务及项目实践，从而促进海洋碳汇与绿色金融的深度融合。

## 一、强化海洋碳汇建设顶层设计

在粤港澳大湾区海洋碳汇建设顶层设计领域，一是要加快制定粤港澳大湾区海洋碳汇与绿色金融融合发展规划，规范各类海洋生态系统开发利用活动，明确完善粤港澳大湾区海洋碳汇与绿色金融发展的指导思想、基本原则、总体要求、总体布局、重点任务和保障措施，实施"粤港澳大湾区蓝碳计划"，助力区域内"双碳"目标的实现。二是要加强区域内政策合作，推动构建海洋碳汇发展体制机制，推进区域内蓝碳保护行动、蓝碳增汇工程、蓝碳标准构建、蓝碳技术升级、蓝碳交易完善等领域的协同发展，同时，要大力推进相关政策、法规、规划、方案的制定和实施。三是要发挥政府作用，为加强人才建设，培育现代化海洋科技人才，建立现代化海洋科技创新平台，推动粤港澳大湾区内海洋碳汇相关的基础理论、产权权属、勘测计量研究等提供资金和政策支持。四是要在政策指引和宣传工作中着重强调海洋碳汇在应对气候变化过程中的重要作用，推动蓝碳的公共认知度，充分动员海洋碳汇丰富地区的居民参与蓝碳保护与交易实践，并积极推动海洋碳汇纳入 CCER 体系，增加碳市场产品供给。

## 二、推动海洋生态环境治理及蓝碳增汇

推动粤港澳大湾区生态环境治理及蓝碳增汇，一是要推动恢复粤港澳大湾区海洋生态系统结构和功能，通过人工造林、人工促进自然更新、海洋生态系统保护修复工程、建立自然保护区和海洋牧场等方式对遭到破坏的海洋环境进行最大力度的修复，养护海洋生物资源，维护海洋生物多样性，构建以海岸带、海岛链和各类自然保护地为支撑的海洋生态安全格局，此外，还要建立相应的生态补偿机制，利用经济手段推动生态建设。二是要大力开展粤港澳大湾区海洋生态调查监测，以本底调查评估摸清区域内海洋生态，以针对不同的海洋碳汇领域开展增汇措施，重点在于完善海洋碳汇开发利用相关立法，明确海洋碳汇碳减排收益权的产权性质。三是要大力推动渔业碳汇等海洋碳汇增汇新模式，除了在近海承载力范围内大力发展海水养殖业外，还可以通过创新完善碳汇渔业养殖模式，引导渔业养殖向深海布局，开展海水立体养殖、多营养层次综合养殖以及深海网箱养

殖等为大湾区海洋碳汇增汇提供新动能。

## 三、完善海洋碳汇监测、计量标准及方法学

完善粤港澳大湾区海洋碳汇监测、计量标准及方法学，一是要加强海洋碳汇基础理论研究，逐步建立粤港澳大湾区海洋碳汇监测方法、技术方案及计量步骤，制定粤港澳大湾区海洋碳汇核算标准，建立粤港澳大湾区河口流域、海岸带及近海碳核算体系，构建准确、合理、国际认可的海洋碳汇监测计量标准体系，完善海洋碳汇监测系统，开展大湾区内海洋碳汇本底调查。二是要加强与专业第三方认证机构间的合作，推动构建大湾区内规范标准、统一完善的海洋碳汇核证体系，保障大湾区内海洋碳汇监测计划的合理性以及海洋碳汇交易项目的准确性。

## 四、建设海洋碳汇交易服务平台

建设粤港澳大湾区海洋碳汇交易服务平台，一是要依托广州、深圳两大国家级碳排放权交易试点平台，充分吸收借鉴广州、深圳两大核心城市丰富的碳交易经验，探索构建规则统一、主体多元、交易活跃、风险可控的粤港澳大湾区海洋碳汇交易市场，依托大湾区成熟的市场体系，构建融合海洋碳汇数据信息统计与报送、碳市场交易、碳资产定价等市场制度体系和技术标准体系为一体的大湾区统一海洋碳汇交易信息平台，并积极发展海洋碳汇碳交易金融产品及其衍生品，推动海洋碳汇纳入全国碳市场的碳配额、碳信用等碳排放权益体系之中，探索形成具有大湾区特色的海洋碳普惠金融产品。二是要加强海洋碳汇区域及国际交流合作，完善落实大湾区内的区域合作政策，深化落实粤港澳海洋经济合作，并与国内海洋碳汇资源丰富、绿色金融体系建设完善的地区进行深入的合作交流，共商共建规范化、标准化、统一化、智慧化、便利化的海洋碳汇交易制度、规则和技术规范。三是要依托香港、澳门的国际化城市地位，在国际上进行深度合作，推动粤港澳大湾区海洋碳汇交易项目走向国际市场，推动海洋碳汇交易成为全球碳交易市场的重要一环，发挥海洋碳汇的重要生态作用。

# 参考文献

［1］广东省自然资源厅. 广东海洋经济发展报告（2023）［EB/OL］. https://nr. gd. gov. cn/zwgknew/sjfb/tjsj/content/post_ 4225188. html.

［2］广东省自然资源厅. 广东海洋经济发展报告（2022）［EB/OL］. https://nr. gd. gov. cn/zwgknew/sjfb/tjsj/content/post_ 3972658. html.

［3］广东海洋协会. 广东省海洋六大产业发展蓝皮书2022［M］. 北京：海洋出版社，2022.

［4］李政道. 粤港澳大湾区海陆经济一体化发展研究［D］. 沈阳：辽宁大学，2019.

［5］朱寿佳，代欣召. 国内外典型湾区经验对粤港澳大湾区海洋经济发展的启示［J］. 经济师，2022（4）：23 – 25.

［6］杨帆. 协同学视角下粤港澳大湾区制造业转型升级影响因素分析［D］. 广州：广州大学，2023.

［7］李宁，吴玲玲，谢凡. 海洋经济推动粤港澳大湾区高质量发展对策研究［J］. 海洋经济，2022，12（2）：11 – 20.

［8］李杏筠，刘妙品，原峰. 粤港澳大湾区城市群海洋经济发展现状、问题和建议［J］. 海洋经济，2021，11（6）：32 – 39.

［9］肖卓霖. 粤港澳大湾区协同发展视角下产业融合发展机制探讨［J］. 清远职业技术学院学报，2020，13（4）：29 – 33.

［10］吴迪，任重进，韩荣贵，等. 海上风电与海洋牧场融合发展现状与实践探索［J］. 中国渔业经济，2023，41（3）：78 – 84.

［11］杨红生，茹小尚，张立斌，等. 海洋牧场与海上风电融合发展：理念与展望［J］. 中国科学院院刊，2019，34（6）：700－707.

［12］林世爵，刘启强. 广东海上风电产业发展现状及对策建议［J］. 自动化与信息工程，2023，44（2）：1－5，15.

［13］孙岳，蒋欣慰，秦松，等. 海上风电和海洋牧场融合发展现状与展望［J］. 水产养殖，2022，43（11）：70－73.

［14］张嘉祺，王琛，梁发云. "双碳"背景下我国海上风电与海洋牧场协同开发初探［J］. 能源环境保护，2022，36（5）：18－26.

［15］李丽旻. 多地探索"海上风电＋海洋牧场"模式［N］. 中国能源报，2022－06－27（003）.

［16］陈灏，孙省利，张才学，等. 广东省实施海洋牧场与海上风电融合发展的可行性分析［J］. 海洋通报，2022，41（2）：208－214.

［17］杨红生，霍达，许强. 现代海洋牧场建设之我见［J］. 海洋与湖沼，2016，47（6）：1069－1074.

［18］杨红生，丁德文. 海洋牧场3.0：历程、现状与展望［J］. 中国科学院院刊，2022，37（6）：832－839.

［19］胡学东. 国家蓝色碳汇研究报告：国家蓝碳行动可行性研究［M］. 北京：中国书籍出版社，2020.

［20］焦念志，等. 蓝碳行动在中国［M］. 北京：科学出版社，2018a.

［21］郭跃文，王廷惠，任志宏，等. 粤港澳大湾区建设报告（2022）［M］. 北京：社会科学文献出版社，2023.

［22］涂成林，田丰，李罗力，等. 中国粤港澳大湾区改革创新报告（2022）［M］. 北京：社会科学文献出版社，2022.

［23］袁持平，等. 粤港澳大湾区海洋经济发展制度创新研究［M］. 北京：中国社会科学出版社，2022.

［24］焦念志，梁彦韬，张永雨，等. 中国海及邻近区域碳库与通量综合分析［J］. 中国科学：地球科学，2018b，48（11）：1393－1421.

［25］李捷，刘译蔓，孙辉，等. 中国海岸带蓝碳现状分析［J］. 环境科学与技术，2019，42（10）：207－216.

［26］李勋祥. "碳"路海洋，更多尝试从青岛启航［N］. 青岛日报，2023－

07 – 03 (003).

[27] 袁艺馨, 温庆可, 徐进勇, 等. 1990 年—2020 年粤港澳大湾区红树林动态变化遥感监测 [J]. 遥感学报, 2023, 27 (6): 1496 – 1510.

[28] 张信, 陈建裕, 杨清杰. 粤港澳大湾区红树林时空分布演变及现存林龄遥感分析 [J]. 海洋学报, 2023, 45 (3): 113 – 124.

[29] 钱立华. 海洋碳汇与蓝碳金融 [J]. 中国金融, 2022 (23): 59 – 60.

[30] 李政, 严欣恬, 李杨帆, 等. 构建粤港澳大湾区特色蓝碳交易市场探析 [J]. 特区实践与理论, 2022 (5): 56 – 60.

[31] 贺义雄, 王燕炜, 谢素美, 等. 我国海洋碳汇研究进展: 基于 CNKI (2006—2021 年) 的文献分析 [J]. 海洋经济, 2022, 12 (4): 1 – 16.

[32] 贾凯, 陈水森, 蒋卫国. 粤港澳大湾区红树林长时间序列遥感监测 [J]. 遥感学报, 2022, 26 (6): 1096 – 1111.

[33] 绿色金融课题组, 俞敏. 碳中和背景下绿色金融的 "蓝色方案" [J]. 福建金融, 2022 (1): 50 – 56.

[34] 张月琪, 张志, 江鐥倩, 等. 城市红树林生态系统健康评价与管理对策:以粤港澳大湾区为例 [J]. 中国环境科学, 2022, 42 (5): 2352 – 2369.

[35] 刘强, 张洒洒, 杨伦庆, 等. 广东发展蓝色碳汇的对策研究 [J]. 海洋开发与管理, 2021, 38 (12): 74 – 79.

[36] 贾明明, 王宗明, 毛德华, 等. 面向可持续发展目标的中国红树林近 50 年变化分析 [J]. 科学通报, 2021, 66 (30): 3886 – 3901.

[37] 王浩, 任广波, 吴培强, 等. 1990—2019 年中国红树林变迁遥感监测与景观格局变化分析 [J]. 海洋技术学报, 2020, 39 (5): 1 – 12.

[38] 王子予, 刘凯, 彭力恒, 等. 基于 Google Earth Engine 的 1986—2018 年广东红树林年际变化遥感分析 [J]. 热带地理, 2020, 40 (5): 881 – 892.

[39] 于凌云, 林绅辉, 焦学尧, 等. 粤港澳大湾区红树林湿地面临的生态问题与保护对策 [J]. 北京大学学报 (自然科学版), 2019, 55 (4): 782 – 790.

[40] 韩永辉, 赖嘉豪, 麦炜坤, 等. 粤港澳大湾区文旅融合发展: 协调耦合、时空演进与策略路径 [J]. 新经济, 2023, (6): 24 – 31.

[41] 丘萍, 张鹏, 雅茹塔娜, 等. 海洋文化产业与旅游产业融合探析 [J]. 海洋开发与管理, 2018, 35 (4): 16 – 20.

［42］KAUFFMAN J B，HUGES R F，HEIDER C. Carbon pool and biomass dynamics associated with deforestation，land use，and agricultural abandonment in the neotropics ［J］. Ecological applications，2009，19（5）：1211－1222.

［43］王海云，匡耀求，郑少兰，等. 粤港澳大湾区 2010—2020 年湿地时空变化及驱动因素分析 ［J］. 水资源保护，2023，39（4）：126－134.

［44］王军，彭建，傅伯杰. 关于粤港澳大湾区一体化生态保护修复的思考与建议 ［J］. 中国科学院院刊，2023，38（2）：288－293.

# 后　记

　　跨行业之间的海洋融合作为一种新模式、新业态，不单单是对不同产业内与产业间的资源要素简单进行物理组合，更需要利用互联网和物联网等新一代信息技术，通过渗透重组、加乘借力、边界消弭等手段对原有产业的生产、加工、运输等环节进行改造，进而推动具有一定关联性和技术基础的产业在技术、产品、市场方面实现协同融合发展。随着海洋生态环境保护压力日益加大，新业态、新模式成为现代海洋产业转型发展的重要抓手和促进新旧动能转换的重要内容，加快传统海洋产业与新兴战略产业的融合发展，在增强传统优势海洋产业竞争力的同时，也有助于培养海洋新兴产业抢占"蓝色"经济的制高点，进而促进海洋经济提质增效。当前的粤港澳大湾区，具有发达的国际交往网络、高效的资源配置能力，其中最突出的是多样性、多元化、丰富性的城市形态，形成了层次丰富、结构多元、功能各异的产业协同生态系统。如何深入推进粤港澳大湾区现代海洋产业体系融合发展，充分挖掘海洋经济的发展潜力，成为本书研究的重点。基于此，本书的研究目标即是结合对现代海洋产业发展新背景、新要求的深刻理解，采用新的范式、新的视角来研究粤港澳大湾区现代海洋产业深度融合问题。

　　当前研究还存在一定的不足，粤港澳大湾区各城市的海洋经济产值数据、产业结构数据、细分海洋产业的相关运行数据并未完全公开，因此，通过公开渠道去获取相关数据的难度较大。本次项目研究范围为粤港澳大湾区，不仅包含珠三角九市，还包含香港与澳门两个特别行政区。由于广东省内各城市与香港、澳门在海洋经济的内涵、统计口径等方面存在差异，涉及香港、澳门海洋经济总体情况及细分产业运行情况的数据难以收集。为此，本研究侧重借鉴国内外海洋资源与海洋产业融合发展的相关优秀案例，如美国湾区海洋工程装备制造业发展、山东潍坊昌邑风渔融合发展等经典案例，重点分析其在海洋跨行业产业融合、产业链上下游协同关系等方面的主要做法与具体策略，为粤港澳大湾区海洋产业融合发展提供借鉴。

最后，谨向参与本书研究的团队成员表示衷心的感谢，同时特别感谢广东省自然资源厅对本书研究提供的支持。本书的撰写离不开每一位团队成员的辛勤付出和协作精神，具体分工如下：第一章由高钰负责撰写、第二章由董玥负责撰写、第三章由潘露华负责撰写、第四章由张露萍负责撰写、第五章由曹璇负责撰写、第六章由杨宇超负责撰写、第七章由汪甜甜负责撰写，全书由胡军教授和顾乃华教授统稿定稿。希望本书能够起到抛砖引玉的作用，吸引更多的专家学者对现代海洋产业融合发展展开跨学科、跨领域研究，也希望相关专家学者及各界人士在百忙中给予批评指正！

编　者
2024 年 4 月